FORSCHUNGSBERICHT DES LANDES NORDRHEIN-WESTFALEN

Nr. 3102 / Fachgruppe Maschinenbau/Verfahrenstechnik

Herausgegeben vom Minister für Wissenschaft und Forschung

Prof. Dr.-Ing. Dr. h.c. Wilfried König
Dipl.-Ing. Klaus Henn

Laboratorium für Werkzeugmaschinen und Betriebslehre
der Rhein.-Westf. Techn. Hochschule Aachen

Lehrstuhl für Technologie der
Fertigungsverfahren

Richtwertvorgabe und Externoptimierung beim spitzenlosen Durchlaufschleifen

Springer Fachmedien Wiesbaden GmbH 1982

CIP-Kurztitelaufnahme der Deutschen Bibliothek

König, Wilfried:
Richtwertvorgabe und Externoptimierung beim spitzenlosen Durchlaufschleifen / Wilfried König ; Klaus Henn. - Opladen : Westdeutscher Verlag, 1982.

(Forschungsberichte des Landes Nordrhein-Westfalen ; Nr. 3102 : Fachgruppe Maschinenbau, Verfahrenstechnik)

NE: Henn, Klaus:; Nordrhein-Westfalen: Forschungsberichte des Landes ...

Herstellung: Westdeutscher Verlag

ISBN 978-3-531-03102-6 ISBN 978-3-322-87702-4 (eBook)
DOI 10.1007/978-3-322-87702-4

Gliederung

1. Einleitung

Das spitzenlose Schleifen im Durchlaufverfahren nimmt gegenüber dem vergleichbaren Außenrund-Umfang-Längsschleifen zwischen Spitzen eine technologische und wirtschaftliche Sonderstellung ein.

Das Verfahrensprinzip ist dadurch gekennzeichnet, daß das Werkstück nicht in Zentrierungen oder einem Spannfutter aufgenommen, sondern auf zwei Mantellinien durch Auflageschiene und Regelscheibe relativ zur Schleifscheibe geführt wird. Die Drehbewegung des Werkstücks wird kraftschlüssig von der Regelscheibe übertragen, deren Neigung in der Vertikalen auch die zusätzliche translatorische Komponente des Längsschleifens erzeugt.

Technologische Vorzüge des Verfahrens liegen darin, daß z.B. der schleifbaren Werkstücklänge keine prinzipbedingten Grenzen gesetzt sind. Ebenso bietet sich das Verfahren zum Schleifen schlanker Werkstücke an, bei denen durch die linienförmige Abstützung keine Durchbiegung aufgrund der Schleifkräfte auftreten kann.

Unter den wirtschaftlichen Gesichtspunkten ist zunächst der Wegfall aller Vorarbeiten zum Spannen zu nennen. Die Zufuhr der Werkstücke kann durch manuelles Einlegen in eine Einlaufrinne, ebenso aber auch durch einfache Vorrichtungen automatisiert vorgenommen werden. Durch die kontinuierliche Arbeitsweise entstehen keinerlei Werkstückwechselzeiten und eine Maschinenverkettung wird ebenfalls erleichtert.

Der Schleifscheibenstandzeit kommt zugute, daß im Vergleich zum Außenrundschleifen zwischen Spitzen ein größeres nutzbares Schleifscheibenvolumen zur Verfügung steht. Optimale Werkstoffausnutzung ist schließlich dadurch gegeben, daß die beim Schleifen entstehende Zylinderform sich von selbst in die Rohteilgeometrie einpaßt, ohne daß wie beim Schleifen zwischen Spitzen ein größeres Aufmaß zur Berücksichtigung exzentrischer

Einspannung oder großer Kreisformabweichungen des Rohteils vorgesehen werden muß.

Den technologischen und wirtschaftlichen Vorzügen steht ein ungleich größerer Aufwand für das Rüsten und Einrichten der Maschine gegenüber als dies beim Schleifen zwischen Spitzen der Fall ist. Bedingt wird dies durch die große Zahl der Stellgrößen, die in Bild 1 dargestellt sind. Diese Stellgrößen sind zudem so komplex miteinander verknüpft, daß ihr Einfluß auf das Arbeitsergebnis und die Bearbeitungskosten in der Praxis oft nicht überschaubar ist.

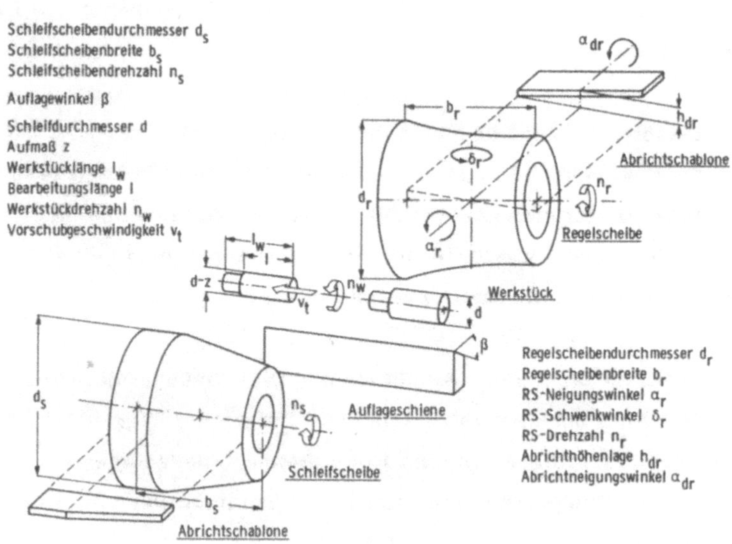

Bild 1: Elementare geometrische und kinematische Größen des spitzenlosen Durchlaufschleifens

Die bisher vorliegenden Erkenntnisse / 1 - 5 / haben gezeigt, daß es durchaus systematische Zusammenhänge zwischen Stellgrößen und Arbeitsergebnis gibt. Allerdings ist es notwendig, diese Einflüsse stärker als bisher aufzugliedern und sie quantitativ zu beschreiben. Werden parallel dazu die

Auswirkungen der Einstellbedingungen auf die Bearbeitungskosten in gleicher Weise formuliert, so kann extern eine geschlossene technologische und wirtschaftliche Optimierung der Bearbeitungsbedingungen vorgenommen werden.

2. Analyse des Schleifprozesses

Zu Beginn der Untersuchungen besteht die Notwendigkeit, eine systematische Strukturierung des spitzenlosen Schleifprozesses vorzunehmen. Daher ist zur Analyse in Bild 2 die Grobstruktur mit ihren Verknüpfungen dargestellt.

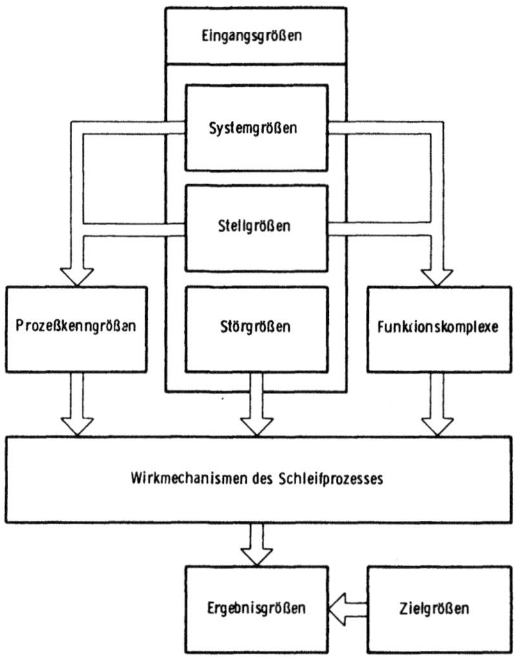

Bild 2: Zusammenhänge und Grobstruktur der auf den Schleifprozeß wirkenden Größen

Die Einflußgrößen des Schleifprozesses werden unterschieden in System-, Stell- und Störgrößen, aus deren Zusammenwirken im Prozeßablauf selbst die Ausgangsgrößen in Form des Arbeitsergebnisses entstehen.

Als Systemgrößen sind bei dieser Betrachtung Maschine, Werkstück, Schleif- und Regelscheibe sowie Auflageschiene zu nennen. Aber auch das

Abrichtwerkzeug und die Kühlschmierung gehören dazu. In die Gruppe der Stellgrößen werden alle Variablen eingeordnet, mit denen der Prozeß im Sinne der Bearbeitungsaufgabe systematisch beeinflußt werden kann. Wenn, wie speziell beim spitzenlosen Schleifen die System- und Stellgrößen in vielfältiger Art und Weise miteinander verknüpft sind, ist es sinnvoll,Kenngrößen zu bilden, um so die Wirkstruktur des Prozesses zu vereinfachen.

Neben diesen Kenngrößen gibt es noch Funktionskomplexe die dem Prozeß vorgelagert sind. Dazu gehört zum Beispiel das Abrichten der Regelscheibe, die Abrichtbedingungen der Schleifscheibe oder auch die geometrische Stabilität beim Schleifen.

Diese Bereiche sind dem eigentlichen Schleifprozeß vorgelagert und besitzen eigene Gesetzmäßigkeiten. Die jeweils in einem Funktionskomplex zusammengefaßten System- und Stellgrößen sind direkt voneinander abhängig und bestimmen wie die bereits beschriebenen Prozeßkenngrößen ebenfalls den Prozeßablauf nach verschiedenen Verknüpfungen und Wirkmechanismen.

Während mit den Stellgrößen der Prozeß systematisch beeinflußt werden kann, ist der Einfluß der Störgrößen nicht steuerbar. So gehören zu ihnen u.a. Schwingungen und Temperaturänderungen. Als Resultat des Prozesses ergeben sich am Ende die Werte der Ergebnis- bzw. Ausgangsgrößen, die an den Soll- oder Zielwerten zu messen sind und teilweise auch eine Beurteilung des Prozeßablaufs zulassen. Unter diesen Zielgrößen sind in erster Linie die Qualitätsmerkmale des Werkstücks, aber auch die Wirtschaftlichkeit der Bearbeitung zu verstehen.

2.1 System- und Stellgrößen

Zu den Systemgrößen gehören

- Maschine
- Werkstück
- Schleifscheibe
- Regelscheibe
- Auflageschiene
- Abrichtwerkzeuge
- Kühlschmierung

Auf die Maschine, die als Systemgröße durch Art, Ausrüstung und Eigenschaften beschrieben wird, soll an dieser Stelle nicht näher eingegangen werden. Ihre oft nur schwierig quantifizierbaren Eigenschaften, die aber einen erheblichen Einfluß auf den Schleifprozeß und damit das Arbeitsergebnis ausüben können, sind in Kapitel 5.2 untersucht und beschrieben.

Das Werkstück ist durch die in Bild 3 aufgezählten Systemgrößen gekennzeichnet. Der Anfangswert des Werkstückdurchmessers d_{w0} wird durch Abtrag des Aufmaßes z auf den Betrag d_w reduziert. Zur Beschreibung der Werkstückgeometrie gehören außerdem die Werkstücklänge l_w sowie die Bearbeitungslänge l, die unterschieden werden müssen, da die Werkstücke oft nicht zu schleifende Absätze und Einstiche aufweisen. Weiterhin sind folgende Merkmale zur Form vorhanden: Hohlkörper wie z.B. Lagerringe, Unterbrechungen der Mantelfläche (Steuerkolben f. Hydraulikventile) oder auch Rotationsasymmetrie. Diese Merkmale beeinflussen durch Steifigkeitsverluste, unterbrochenen Schnitt oder Unwuchten und Schwingungen das Arbeitsergebnis und müssen bei der weiteren Stellgrößenwahl berücksichtigt werden.

Zu den Größen, die das Werkstück beschreiben gehören auch die vor der Bearbeitung vorhandenen Abweichungen von der Kreisform f_{k0}, von der Zylinderform f_{z0} und vom Planlauf f_{p0}. Sie sind allerdings auch wieder

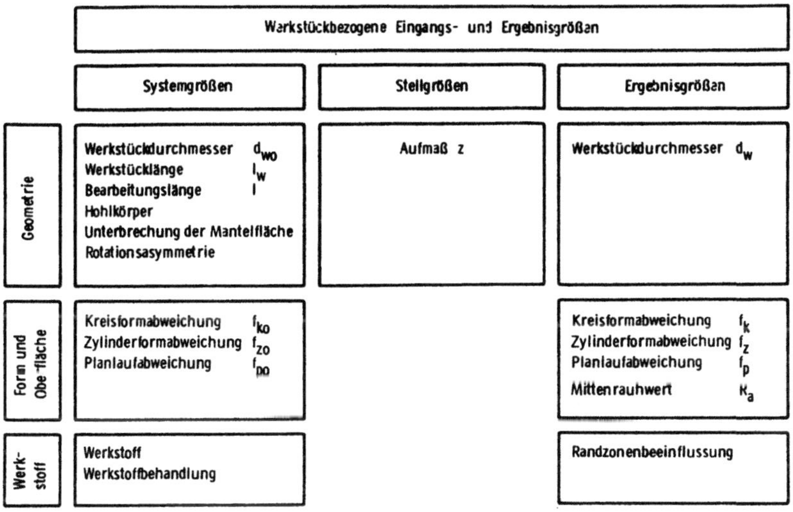

Bild 3: Werkstückbezogene System-, Stell- und Ausgangsgrößen

Qualitätsmerkmale unter den in Bild 3 ebenfalls dargestellten Ausgangsgrößen. Ein weiteres Qualitätskriterium des Arbeitsergebnisses ist die Oberflächenfeingestalt, hier charakterisiert durch den Mittenrauhwert R_a.

Die Stoffeigenschaften können durch Werkstoff und Werkstoffbehandlung grob beschrieben werden. Eine für die Wahl anderer Stellgrößen wichtige Ausgangsgröße kann dabei die zulässige Randzonenbeeinflussung sein. Dies ist jedoch in der Regel beim spitzenlosen Durchlaufschleifen kein Kriterium für die Festlegung der Schleifbedingungen.

In Bild 4 sind die auf die Schleifscheibe bezogenen System- und Stellgrößen aufgeführt. Unter die Systemgrößen fallen die Hauptabmessungen sowie die Zusammensetzung der Schleifscheibe, da sie in der Praxis meist als gegeben angesehen werden müssen.

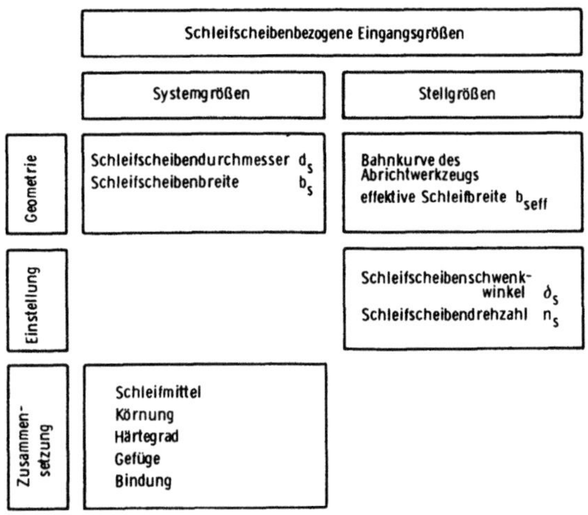

<u>Bild 4:</u> Schleifscheibenbezogene System- und Stellgrößen

Das Abrichten der Schleifscheibe erfolgt im Gegensatz zur Regelscheibe immer in der Spindelebene. Das Profil wird allerdings durch die Bahnkurve des Abrichtwerkzeugs erzeugt. Als wichtigste Stellgröße für den Prozeß ergibt sich damit auch die effektive Schleifzone, in der die Bearbeitung stattfindet. Die Lage der Schleifscheibe relativ zum Maschinenbett wird durch den Bezugswinkel δ_s bestimmt. Schließlich ist noch die Drehzahl n_s zu nennen, die als kinematische Stellgröße zusammen mit dem jeweils aktuellen Schleifscheibendurchmesser d_s die Schnittgeschwindigkeit festlegt.

Die Eingangsgrößen, die die Regelscheibe beschreiben und bereits in Bild 1 dargestellt sind, sind ähnlich denen der Schleifscheibe (Bild 5). Hervorzuheben sind allerdings die Stellgrößen, die die Geometrie der Regelscheibe festlegen. Hier wird das Profil nicht nur durch die Abrichtschablone, sondern auch durch die Orientierung der gesamten Bahnkurve relativ zur

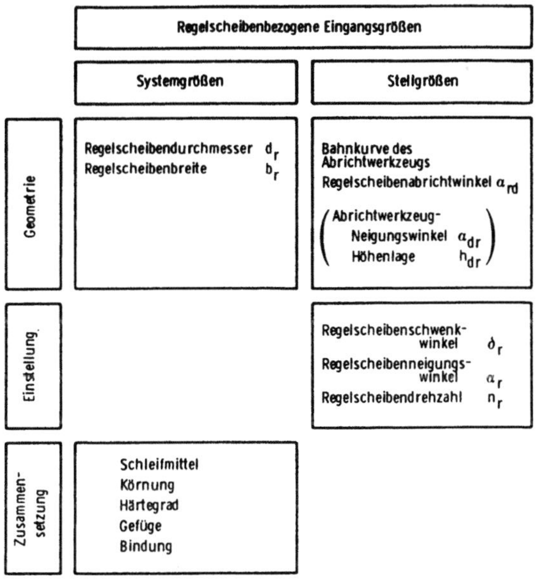

Bild 5: Regelscheibenbezogene System- und Stellgrößen

Scheibe bestimmt. Diese Orientierung ist durch die in Klammern und eigentlich zum Abrichtwerkzeug gehörenden Stellgrößen gegeben. Das Profil ist mit den Größen - Regelscheibenabrichtwinkel und Abrichtwerkzeughöhenlage - genau beschrieben. Auch für die Lagebestimmung der Regelscheibe relativ zum Maschinenbett sind Bezugswinkel notwendig. Der Regelscheibenneigungswinkel α_r sei hier bereits als eine der wichtigsten verfahrensspezifischen Stellgrößen hervorgehoben.

Eine weitere Gruppe von System- und Stellgrößen bezieht sich auf die Auflageschiene (Bild 6). Die Gestalt der Auflageschiene wird üblicherweise durch die Hauptabmessungen (l_a, h_a, b_a) und den Auflagewinkel ausreichend beschrieben. Bei systematischer Betrachtung gehören auch die Werkstoffe des Grundkörpers und des Belages zu den Systemgrößen, da

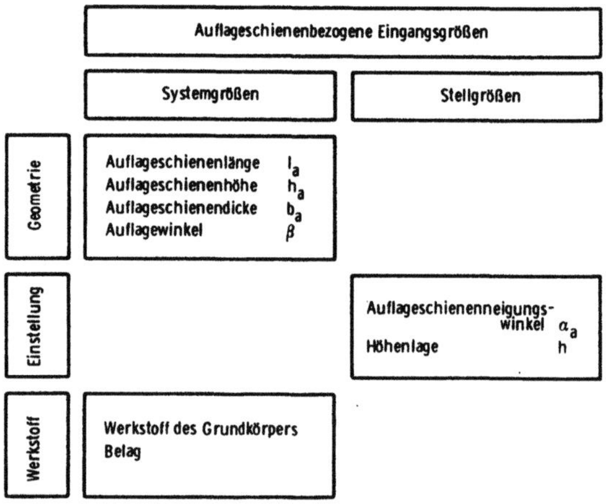

Bild 6: Auflageschienenbezogene System- und Stellgrößen

sie durch Steifigkeit, Gleiteigenschaften und Verschleißfestigkeit den Prozeß unmittelbar beeinflussen. Die Einstellung der Auflageschiene ist durch den Neigungswinkel α_a und eine Höhe gegeben. Aus Gestalt und Einstellung ergibt sich dann die für das Werkstück wichtige Stellgröße der Höhenlage h. Definiert ist sie als die Höhe des Werkstückmittelpunktes über der Verbindungslinie der Mittelpunkte von Schleif- und Regelscheibe.

Bild 7 enthält die System- und Stellgrößen, mit denen sich die verwendeten Abrichtwerkzeuge und der Abrichtprozeß beschreiben lassen. Die für die Geometrieerzeugung der Regelscheibe wichtigen Stellgrößen sind hier nochmals aufgeführt.

Zusätzliche Stellgrößen sind zu wählen, mit denen die Schneid- und Reibeigenschaften von Schleif- und Regelscheibe festgelegt werden. Zu den Systemgrößen gehören auch die Daten, die die Zusammensetzung sowie Art

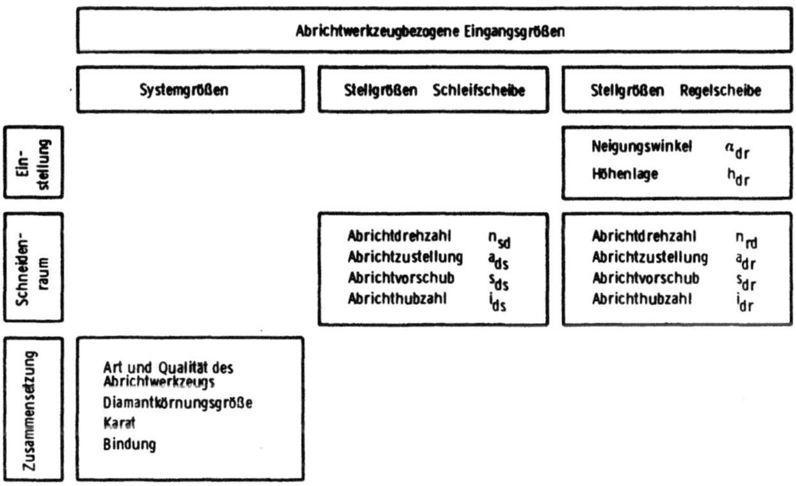

Bild 7: Abrichtwerkzeugbezogene System- und Stellgrößen

und Qualität des Abrichtwerkzeugs angeben.

Als weitere Komponente, die den Schleifprozeß beeinflußt, bleibt die Kühlschmierung. Sie wird beschrieben durch die Art des verwendeten Kühlschmierstoffs, sowie des Zuführungssystems. Als Stellgrößen sind der Zuführdruck und die Durchflußmenge zu nennen.

Damit sind alle am Schleifprozeß beteiligten Komponenten mit ihren System- und Stellgrößen vorgestellt.

2.2 Kenngrößen

Zu den System- und Stellgrößen, die sich zu Kenngrößen des Prozesses zusammenfassen lassen, gehören auf der einen Seite die werkstückbezogenen Größen

- Werkstückdurchmesser d_w
- Aufmaß z
- Bearbeitungslänge l
- Werkstücklänge l_w.

Sie sind andererseits mit der regelscheibenbezogenen Systemgröße

- Regelscheibendurchmesser d_r

und die für den Prozeß wichtigen Stellgrößen

- Regelscheibendrehzahl n_r
- Regelscheibenneigungswinkel α_r

verknüpft. Als weitere Stellgröße muß auch die

- effektive Schleifbreite b_{seff},

die sich aus der Schleifscheibengestalt bzw. der Schleifspaltgeometrie ergibt, berücksichtigt werden.

Die Berechnungsformeln der aus den Stellgrößen hergeleiteten Kenngrößen sind in Bild 8 gezeigt. Gleichzeitig ist hier verdeutlicht, wie die jeweilige Kenngröße durch die System- und/oder Stellgrößen beeinflußt wird.

Damit sind die wesentlichen Kenngrößen des spitzenlosen Durchlaufschleifens benannt und in ein Bild der Wirkstruktur des Prozesses eingeordnet. In den nachfolgenden Abschnitten sollen nun diese Wirkzusammenhänge der theoretischen Prozeßanalyse durch experimentelle Untersuchungen so aufbereitet werden, daß sich daraus ein funktionales Prozeßmodell ableiten läßt.

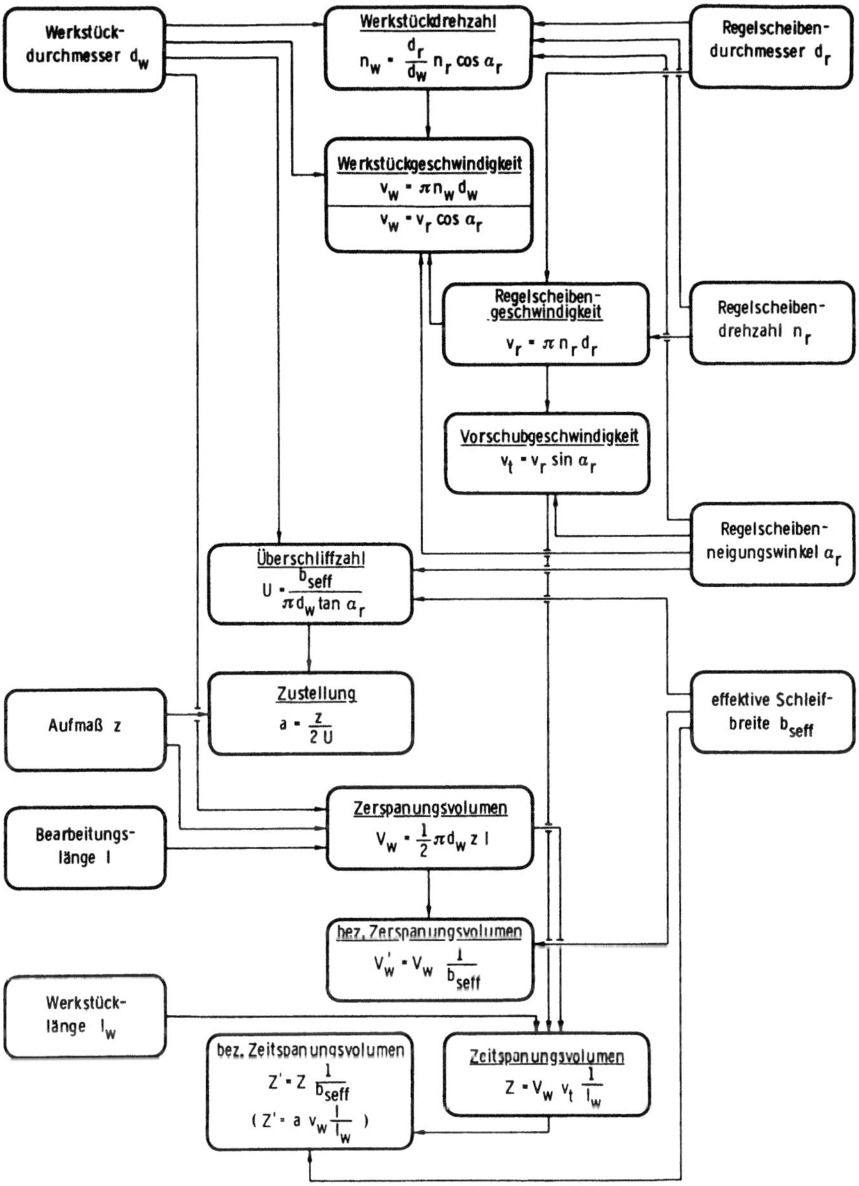

Bild 8: Von System- und Stellgrößen hergeleitete Kenngrößen

3. Kinematik des Schleifprozesses

Auf der Grundlage der bisher vorgenommenen Größenanalyse, die die Erarbeitung von Zusammenhängen und Verknüpfungen sowie die Erstellung einer Prozeß-Wirkstruktur beinhaltet, ist jetzt die Betrachtung der Wirkzusammenhänge möglich. Dazu sollen im weiteren zuerst die kinematischen und danach die geometrischen Gesetzmäßigkeiten behandelt werden.

Zur Kinematik des Verfahrens zählen zum einen die mikroskopischen Verhältnisse, d.h. der Schneideneingriff und zum anderen auch die makroskopischen Gesetzmäßigkeiten bezüglich Werkstückführung und Bewegungsübertragung.

3.1 Schneideneingriff

Mit der Thematik zum Schneideneingriff befaßten sich bereits eine Reihe von Forschungsarbeiten / 6 - 9 /, wobei versucht wurde hinsichtlich der Schneidengeometrie des Werkzeugs, der werkstoffphysikalischen Vorgänge beim Schleifen und der Kinematik des Korneingriffs Erkenntnisse zu sammeln. Während für die ersten beiden Bereiche ähnliche Ergebnisse bei allen Schleifverfahren vorliegen, ist bei der Eingriffskinematik zwischen Gleich- und Gegenlaufschleifen zu unterscheiden. Bedingt durch die verfahrensspezifische Bewegungsübertragung durch die Regelscheibe wird beim spitzenlosen Schleifen im Gegensatz zu den anderen Außenrund-Umfang-Schleifverfahren nicht im Gegenlauf sondern im Gleichlauf gearbeitet. Da die technologischen Auswirkungen auf Schnittkräfte und Oberflächengüte aber abhängig von der Eingriffskinematik sind, soll hier eine Gegenüberstellung der elementaren kinematischen Verhältnisse vorgenommen werden. Gleichzeitig ist damit eine Ausgangsposition geschaffen, auf deren Grundlage eine Verbindung mit den beim Gegenlaufschleifen bekannten Ergebnissen möglich ist.

Zur Bestimmung der Schneidenbahn einer einzelnen Schneide sind in Bild 9 die kinematischen Verhältnisse für das Gegen- und Gleichlaufschleifen dargestellt. Dabei sind die folgenden Vereinfachungen eingeführt worden:

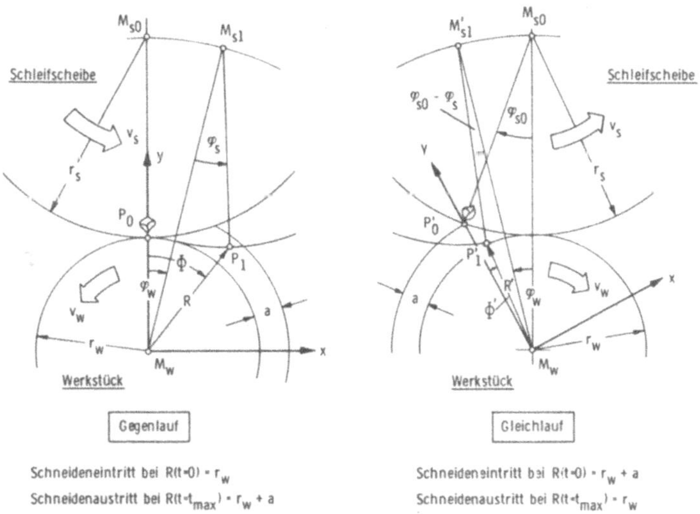

Bild 9: Zur Kinematik des Schneideneingriffs

- Die axiale Bewegungskomponente ist vernachlässigt.
- Das Werkstück ist nicht spiralförmig sondern kreisrund angenommen.

Durch kinematische Umkehrung läßt sich die Drehung des Werkstücks als Drehung der Schleifscheibe um den Werkstückmittelpunkt M_w beschreiben. Der Schneideneingriff erfolgt im Gegenlauf im Punkt P_0. Nach einer bestimmten Zeit t hat sich die Schneide um den Winkel

$$\varphi_s = \frac{v_s}{r_s} t \tag{1}$$

und gleichzeitig das Werkstück um den Winkel

$$\varphi_w = \frac{v_w}{r_w} t \tag{2}$$

bewegt. Damit ergibt sich der Punkt P_1, an dem sich die Schneide zur Zeit t befindet. Bei Anwendung des Cosinussatzes auf das Dreieck $M_w P_1 M_{s1}$ läßt sich die Bahnkurve der Schneide in den vom Parameter t abhängigen Polarkoordinaten ermitteln zu

$$s(t) = \begin{pmatrix} R(t) \\ \phi(t) \end{pmatrix} \tag{3}$$

mit

$$R(t) = \sqrt{(r_s+r_w)^2+r_s^2-2(r_s+r_w)r_s \cos \varphi_s} \tag{4}$$

$$\phi(t) = \varphi_w+\text{arc} \cos \left[\frac{R(t)^2+r_w(r_w+2r_s)}{2R(t)\,(r_w+r_s)} \right] \tag{5}$$

Als Rand- bzw. Anfangsbedingungen seien hier noch genannt

$$t = 0 \longrightarrow \varphi_s = 0 \quad \begin{matrix} R(t) = r_w \\ \phi(t) = 0 \end{matrix} \tag{6}$$

Die gleiche Vorgehensweise liefert die Bahnbeschreibung beim Gleichlaufschleifen. Der Schneideneingriff setzt hierbei im Punkt P'_0 ein. Die Winkel φ_{s0} und φ_{w0}, die die Ausgangsstellung der Schneide festlegen, ergeben sich durch Anwendung des Cosinussatzes auf das Dreieck $M_w M_{s0} P'_0$ zu

$$\varphi_{s0} = \text{arc} \cos \left[1 - \frac{2r_w a + a^2}{2r_s(r_s+r_w)} \right] \tag{7}$$

und

$$\varphi_{w0} = \text{arc} \cos \left[\frac{(r_w+a)^2+r_w(r_w+2r_s)}{2(r_s+r_w)\,(r_w+a)} \right] \tag{8}$$

Aus dem Dreieck $M_w M'_{s1} P'_1$ ermittelt sich dann wiederum die Bahnkurve der Schneide in Polarkoordinaten. Es gilt

$$s'(t) = \begin{pmatrix} R'(t) \\ \phi'(t) \end{pmatrix} \tag{9}$$

wobei die Koordinaten durch folgende Gleichungen beschrieben sind

$$R'(t) = \sqrt{(r_s+r_w)^2+r_s^2-2(r_s+r_w)r_s \cos(\varphi_{s0}-\varphi_s)} \tag{10}$$

$$\phi'(t) = \varphi_{w0}-\varphi_w-\arccos\left[\frac{R'(t)^2+r_w(r_w+2r_s)}{2R'(t)(r_w+r_s)}\right] \tag{11}$$

Für den Gleichlauf ergeben sich die Rand- und Anfangsbedingungen des Schneideneintritts zu

$$t = 0 \longrightarrow \varphi_s = 0 \qquad \begin{matrix} R'(t) = r_w + a \\ \phi'(t) = 0 \end{matrix} \tag{12}$$

Wird die aus den oben hergeleiteten Zusammenhängen berechenbare Schneideneingriffslänge aufgezeichnet, so erhält man eine Darstellung wie sie Bild 10 zeigt. In Abhängigkeit vom Geschwindigkeitsverhältnis q und für verschiedene Zustellungen bei konstantem Schleif- und Werkstückdurchmesser ist hier die Änderung der Schneideneingriffslänge aufgetragen. Es ist zu erkennen, daß beim Gegenlaufschleifen grundsätzlich größere Werte vorliegen, die sich allerdings nur sehr wenig unterscheiden. Gesicherte Folgerungen lassen sich demzufolge nur beschränkt ableiten. Im Hinblick auf den Vorgang des Schneideneingriffs selbst sind dagegen systematische Untersuchungen vorhanden / 7, 8, 20 /. So erfolgt, wie auch aus Bild 9 hervorgeht, beim Gegenlauf ein tangentialer Eingriff des Korns bezogen auf die Werkstückoberfläche. Die Spanungsdicke muß demzufolge mit zunehmendem Eingriffsweg anwachsen. Im Gegensatz dazu ergibt sich für das Gleichlaufschleifen der umgekehrte Verlauf. Der Eingriffswinkel der Schneide, gemessen am Winkel zwischen den Tangenten von Werkstückoberfläche und Schneidenbahn wird so steil, daß unmittelbar nach dem Eingriff der größte Spanungsquerschnitt auftritt.

Zum Vergleich der entstehenden Spanformen ist folgendes zu bemerken. Die Späne haben grundsätzlich Kommaform, während aber die Späne

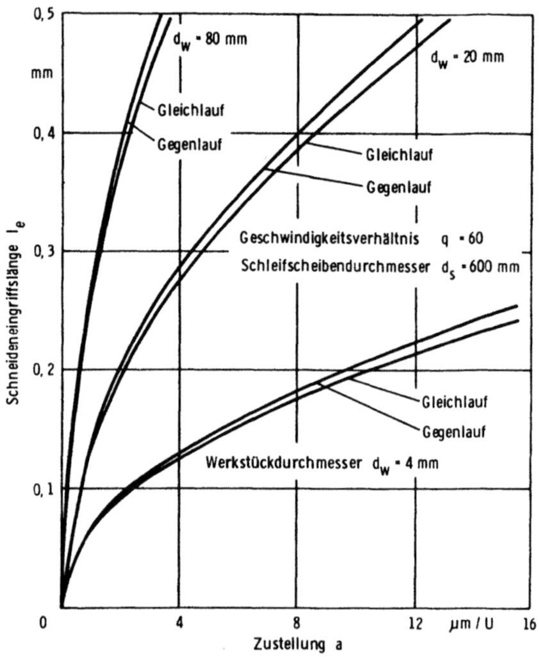

Bild 10: Änderung der Schneideneingriffslänge in Abhängigkeit von der Zustellung für verschiedene Werkstückdurchmesser

des Gegenlaufschleifens länglich und dünn geformt sind, liegen beim Gleichlauf gedrungenere (kürzere und dickere) Späne vor. Beim Gleichlaufschleifen wird der Spankörper also von dünn nach dick, im anderen Fall von dick nach dünn durchlaufen.

Bisherige Untersuchungen der technologischen Auswirkungen wurden ausführlich nur beim Plan-Umfang-Tiefschleifen vorgenommen, das sowohl im Gleich- als auch Gegenlauf arbeiten kann / 10, 11 /. Durch den tangentialen Eingriff beim Gegenlauf mit der nachfolgenden Plastifizierungsphase des Werkstoffs und der damit verbundenen Reibungserhöhung konnten größere Schnittkräfte sowie erhöhter Verschleiß beobachtet werden. Jedoch sind die hier gewonnenen Erkenntnisse nicht unmittelbar auf das Außenrund-Umfangschleifen übertragbar. Während beim Tiefschleifen mit großen Zustellungen gearbeitet wird, liegen beim üblichen Außenrundschleifen weitaus geringere Zustellungen und damit Eingriffslängen vor, die sich für Gleich- und Gegenlauf kaum noch unterscheiden (Bild 10). Dabei kann für das Gegenlaufschleifen von der Annahme ausgegangen werden, daß die geringere Zustellung zu Beginn des Schneideneingriffs den Verdrängungsanteil gegenüber dem Zerspanungsanteil des Werkstoffes in der Kontaktzone vergrößert. Die sich aufgrund dieses "Glättungsprozesses" ergebende Rauheit wird geringer als beim Gleichlauf.

Auf weitere Rückschlüsse soll hier nicht mehr eingegangen werden, vielmehr sollen die an dieser Stelle vorgenommenen Aussagen auf qualitative Hinweise beschränkt bleiben und weitere Untersuchungen zu dieser Thematik abgewartet werden, mit denen dann eindeutige Folgerung und Zusammenhänge nachgewiesen werden können.

3.2 Werkstückführung

Hinsichtlich der Werkstückführung ist zwischen einer radialen und axialen Komponente zu unterscheiden.

Bei der Analyse der radialen Werkstückführung sind die in Bild 11 dargestellten Stell- und Kenngrößen zu nennen. Die Höhenlage des Werkstücks ist dabei als die wichtigste Stellgröße des Schleifprozesses und seines regenerativen Formbildungsablaufs hervorzuheben. Sie legt zugleich auch die geometrische Stabilität des Prozesses / 13 / (siehe Kapitel 5.3) zusammen mit dem Regelscheibenneigungswinkel und der Schleifscheibenbreite fest. Zusammengefaßt werden diese Größen in der Kenngröße des Tangentenwinkels. Allerdings müssen im Gegensatz zum spitzenlosen Einstechschleifen die Bestimmungsgrößen der radialen Werkstückfüh-

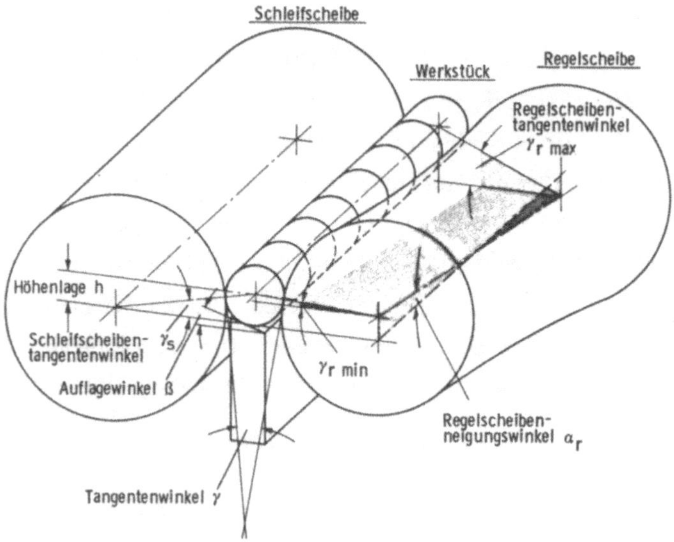

Bild 11: Bestimmungsgrößen der geometrischen Stabilität

rung beim Durchlaufverfahren auf eine dreidimensionale Schleifspaltgeometrie bezogen werden. Diese Beziehungen sind aus Bild 11 abzuleiten. Der über der gesamten Schleifbreite konstante Schleifscheibentangentenwinkel ergibt sich zu

$$\gamma_s = \arcsin \left(\frac{2h}{d_s + d_w} \right) \tag{13}$$

Dagegen variiert der Regelscheibentangentenwinkel über der Schleifbreite im Bereich

$$\Delta \gamma_r = \arctan \left(\frac{b_s}{d_r + d_w} \tan \alpha_r \right) \tag{14}$$

um den Mittelwert

$$\bar{\gamma}_r = \arcsin \left(\frac{2h}{d_r + d_w} \right) \tag{15}$$

Diese Kenngrößen bestimmen dann zusammen mit der Stellgröße Auflagewinkel β bei der radialen Führung eines unrunden Werkstücks Vorzeichen, Betrag und Phasenwinkel einer Schnittiefenänderung. Sie legen damit fest, ob im Wirkungskreis der Rundung eine Verbesserung oder Verschlechterung der Kreisformabweichung erzielt wird.

Die weitere verfahrenstypische Schleifspaltfunktion liegt in der axialen Werkstückführung. Hier wird in erster Linie die Zylinderformabweichung des Werkstücks erzeugt. Zur Vereinfachung kann allerdings mit ausreichender Genauigkeit von einem zweidimensionalen Problem ausgegangen werden. Einfluß auf die axiale Führung hat die Schleifspaltkontur, deren Form und Änderung von den folgenden Größen abhängt

- Aufmaß und Werkstückdurchmesser
- Schleifscheibenprofil
- Regelscheibenprofil und Stellung der Regelscheibe relativ zur Schleifscheibe
- Auflageschienenprofil
- Verschleiß der Schleif- und Regelscheibe sowie der Auflageschiene

Die Anzahl der Durchgänge, die einer mehrstufigen Prozeßführung entsprechen würde, ist nicht aufgelistet, statt dessen wird nur ein Durchgang mit einstufigem Prozeß betrachtet. Diese Vorgehensweise ist möglich, da das Schleifen in mehreren Durchgängen als Folge einzelner Prozesse verstanden werden kann, deren Ausgangsgrößen jeweils die Eingangsgrößen des folgenden sind. Ein mehrstufiger Prozeß in einem Durchgang kann ähnlich verstanden werden. Die einzelnen Stufen können ebenfalls wieder als Folgeprozesse gesehen und entsprechend behandelt werden. Auf diese Art und Weise können Erkenntnisse, die bei einem Durchgang und einstufigem Prozeß bekannt sind, auf komplexere Zusammenhänge übertragen werden.

Die Funktionskriterien der axialen Werkstückführung relativ zum Schleifscheibenprofil lassen sich, wie oben bereits erwähnt, aus Welligkeit und Zylinderform sehr einfach ableiten. Daraus ergeben sich auch die Randbedingungen der Schleifspaltgestaltung.

Anhand von Bild 12 soll verdeutlicht werden, welche aus der Praxis bekannten Schleiffehler der verursachenden Form der axialen Führung ge-

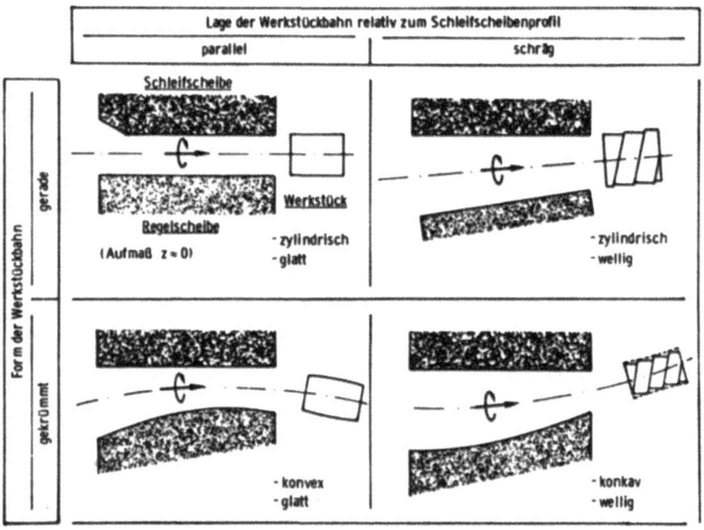

Bild 12: Zusammenhang zwischen Werkstückbahn und Zylinderformfehler

genüber zu stellen sind. Ein geradliniges Werkstück wird nur erzielt, wenn die Werkstückbahn parallel zum Schleifscheibenprofil verläuft, wie es in Bild 12 oben links dargestellt ist. Dieser Prozeß entspricht dem Ausfunken beim Außenrundschleifen zwischen Spitzen, das abgetragene Aufmaß ist also ungefähr gleich Null. Allerdings ist das Funktionskriterium der Schleifspaltkonizität in diesem Fall nicht erfüllt.

Dagegen kann durch definierte Schrägstellung der Regelscheibe relativ zur Schleifscheibe ein bestimmtes Aufmaß abgeschliffen werden (Bild 12 oben rechts); jedoch weist dann das erzeugte Werkstückprofil eine Welligkeit auf, die dem Vorschub des Werkstücks entspricht. Für ein optimales Arbeitsergebnis ist demzufolge immer ein zweistufiger Prozeß in einem Durchlauf oder zwei Durchläufe mit gestuften Aufmaßbeträgen vorzusehen, wobei zum Ende der Bearbeitung eine Parallelität von Werkstückbahn zum Schleifscheibenprofil gegeben sein muß.

Bei gekrümmter Werkstückbahn entstehen (Bild 12 unten) in Abhängigkeit von der Orientierung der Bahnkurven konvexe oder konkave Werkstückprofile mit Abweichungen von der Zylinderform sowie Welligkeiten mit der Periodendauer des Vorschubes.

4. Schleifspaltgeometrie

Anhand der geometrischen Beziehungen im Schleifspalt, d.h. von der Stellung der Schleif- und Regelscheibe sowie der Auflageschiene zueinander, wird, wie bereits im vorangegangenen Abschnitt erläutert wurde, der Formbildungsprozeß ausschließlich gesteuert und beeinflußt.

Während Schleifscheibe und Auflageschiene geometrisch einfach zu beschreiben sind, steht die Regelscheibengeometrie aufgrund ihrer vielfältigen Aufgaben in einem weitaus komplexeren Zusammenhang.

- Beim Abrichten der Regelscheibe müssen gegebene Werte für Werkstückdurchmesser, Höhenlage und RS-Neigungswinkel in Stellwerte für Abrichthöhenlage sowie Neigungswinkel der Abrichtschablone umgerechnet und an der Maschine genügend genau eingestellt werden.
- Es ist bekannt, daß die Regelscheibenform nur unvollkommene Führungseigenschaften besitzt.

Durch neuere Untersuchungen / 3, 4 / konnten zu den beiden oben angesprochenen Punkten Berechnungsgrundlagen und Verbesserungsmöglichkeiten entwickelt werden, die im folgenden kurz dargestellt werden.

4.1 Gestaltung der Regelscheibe

Da die Regelscheibe das wichtigste Stellglied der Maschine sowohl zur Werkstückführung als auch zur Bewegungsübertragung darstellt, wurden über die Gesetzmäßigkeiten ihrer Formbildung bereits eingehende Untersuchungen / 14 / vorgenommen. Ziel war es dabei eine den Bearbeitungsbedingungen möglichst optimal angepaßte Regelscheibenform zu finden, so daß die Voraussetzungen zur Einhaltung der geforderten Werkstückqualitätskriterien gegeben waren. Zusätzlich mußte aber auch darauf geachtet werden, Möglichkeiten zu schaffen, die zur Formerzeugung notwendigen Einstellungen einfach, genau und zielsicher vorzunehmen.

Die Forderung an die Regelscheibe lautet, für eine linienförmige Anlage des Werkstücks über der ganzen Schleifspaltlänge zu sorgen, wobei in der vorgegebenen Höhenlage der Mittelpunkt des Werkstücks von einer Geraden möglichst wenig abweichen sollte.

Meis / 4 / entwickelte dazu, auf der Basis der Untersuchungen Slonimski's / 12 /, die Berechnungsformeln für die zwei verschiedenen korrigierten Regelscheibengeometrien - symmetrisch und konventionell -, die dem Bild 13 zu entnehmen sind. Dabei ist die symmetrische Form eine Alternative zur herkömmlichen Gestaltung der Regelscheibe. Die Höhenlage des Abrichtdiamanten wird hier immer zu Null gewählt, so daß dadurch

KORRIGIERTE REGELSCHEIBENFORM		
symmetrisch		konventionell
$\arctan\left(\sqrt{1-\frac{h^2}{r_k^2}}\tan\bar{\alpha}_r\right)$	Regelscheiben-neigungswinkel α_r	α_r
$\arcsin\left(\frac{h}{r_k\cos\alpha_r}\sin\bar{\alpha}_r\right)$	Regelscheiben-schwenkwinkel δ_r	$\delta_r = 0$
$h_{dr} = 0$	Höhenlage des Abrichtdiamanten h_{dr}	$\frac{h}{\sin\alpha_r}\sin\left(\frac{\alpha_r}{\sqrt{1+\frac{d_w}{d_r}}}\right)$
$\alpha_r - \frac{\bar{\alpha}_r}{\sqrt{1+\frac{d_w}{d_r}}}$	Neigungswinkel des Abrichtdiamanten α_{dr}	$\alpha_r\left(1-\frac{1}{\sqrt{1+\frac{d_w}{d_r}}}\right)$

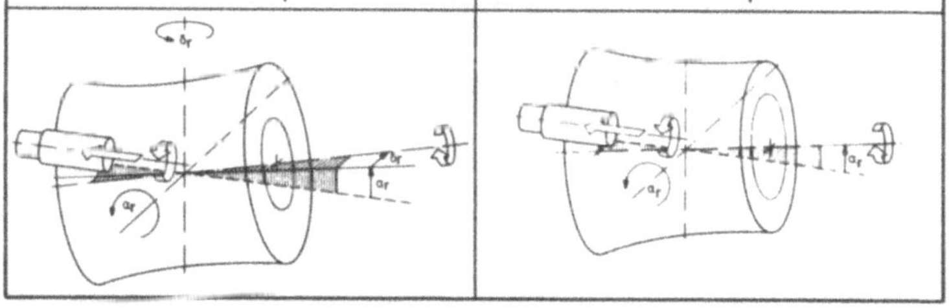

Bild 13: Berechnungsformeln für die Stellgrößen beim Abrichten der Regelscheibe

im Gegensatz zur konventionellen Form, die im Ein- und Auslauf verschieden große Durchmesser aufweist, eine symmetrische Gestalt entsteht. Allerdings bedingt diese Geometrie, daß die Regelscheibe um einen Winkel in der horizontalen Ebene geschwenkt werden muß, so daß identische geometrische Bedingungen des Schleifspalts erzeugt werden, wie sie bei Verwendung der konventionellen Regelscheibe vorliegen.

Es wird also, wie auch aus den Berechnungsformeln hervorgeht, keine Vereinfachung bzw. Reduzierung von Stellgrößen erzielt, sondern lediglich die Einstellung der Abrichthöhenlage durch eine Schwenkung der Regelscheibe ersetzt.

Da die Herleitung der Stellgrößenberechnungsformeln für Werkstücke mit $d_w \approx 0$ vorgenommen wird, müssen für die Praxis Korrekturfaktoren berücksichtigt werden, um auch bei größeren Werkstückdurchmessern eine ausreichend genaue Führung zu erreichen. Diese Korrekturfaktoren für Höhenlage und Neigungswinkel des Abrichtdiamanten sind bereits in den Formeln des Bildes 13 enthalten. Auf eine Herleitung soll an dieser Stelle verzichtet werden, sie ist den oben aufgeführten Veröffentlichungen zu entnehmen.

Bei der Berechnung der Stellgrößen α_r und δ_r für die Erzeugung der symmetrisch-korrigierten RS-Geometrie tritt in den Formeln der Kehlkreisradius (kleinster Radius in Scheibenmitte) als Unbekannte auf. Dieser berechnet sich aus folgender Gleichung zu

$$r_k = \sqrt{\left(\frac{1}{2} d_{ra}\right)^2 - \left(\frac{1}{2} b_r \tan \bar{\alpha}_r\right)^2} \qquad (16)$$

wobei mit d_{ra} der Regelscheibendurchmesser im Auslauf bezeichnet wird, der vor jeder Einstellung gemessen werden kann.

Für die weitere Berechnung muß dann der Hilfswinkel $\bar{\alpha}_r$ vorgegeben werden. Er kann als Startwert gleich dem Regelscheibenneigungswinkel α_r gesetzt werden, da sich beide Werte nur geringfügig unterscheiden.

Die eigentlichen und entscheidenden Vorteile der symmetrischen Regelscheibe gegenüber der herkömmlichen Geometrie liegen bei

- geringeren Durchmesserdifferenzen ($\Delta d_r = d_{r\,max} - d_{r\,min}$)
- kleineren Abrichtvolumina und
- kürzeren Abrichtzeiten.

Als Beispiel sind dazu in Bild 14 die Abrichtvolumina beim Umrüsten des Regelscheibenabrichtwinkels α_{rd} für konventionelle und symmetrische

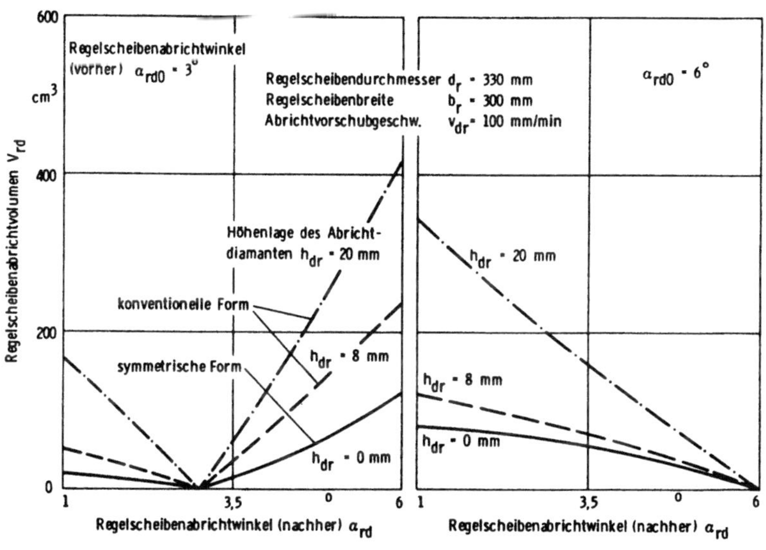

Bild 14: Abrichtvolumina beim Umrüsten des Regelscheibenabrichtwinkels für konventionelle und symmetrische Form

Form dargestellt. Dabei wird der Winkel α_{rd} nach der folgenden Beziehung ermittelt

$$\alpha_{rd} = \alpha_r - \alpha_{dr} \qquad (17)$$

Er stellt also den Winkel dar, unter dem die Regelscheibe tatsächlich abgerichtet wird.

Aus Bild 14 ist zu erkennen, daß die kleinsten Abrichtvolumina immer bei der symmetrischen Regelscheibenform entstehen. Je nach Größe von h_{dr}, die bei der herkömmlichen Gestaltung der Regelscheibe in erster Linie von der Werkstückhöhenlage h bestimmt wird, sowie vorherigem und neuem Abrichtwinkel α_{rd0} bzw. α_{rd} braucht im günstigsten Fall nur 30 % des bei der konventionellen Regelscheibenform abgerichteten Volumens abgetragen zu werden. Die Abrichtzeiten für die im vorangegangenen Bild aufgeführten RS-Geometrien sind den Bildern 15 und 16 zu entnehmen. Für die herkömmliche Regelscheibenform wird bei extremen Umrüstbedingungen (h_{dr} = 20 mm; $\alpha_{rd0} = 1^{o}$; $\alpha_{rd} = 6^{o}$) eine Abrichtzeit t_{dr} = 900 min. benötigt. Das würde einem Zeitraum von zwei Schichten entsprechen.

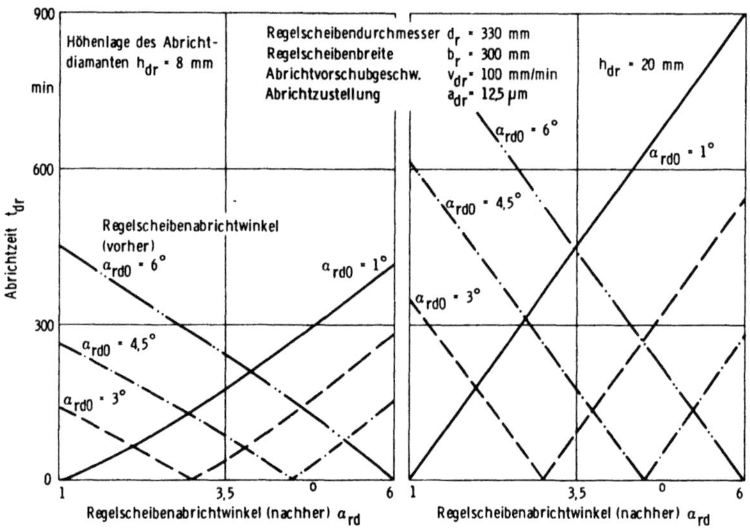

Bild 15: Abrichtzeiten der Regelscheibe beim Umrüsten des Regelscheibenabrichtwinkels (konventionelle Form)

Für gleiche Bedingungen wird dagegen bei der symmetrischen Form eine Zeit von nur t_{dr} = 200 min. gebraucht. Es sind hier also Zeitgewinne von

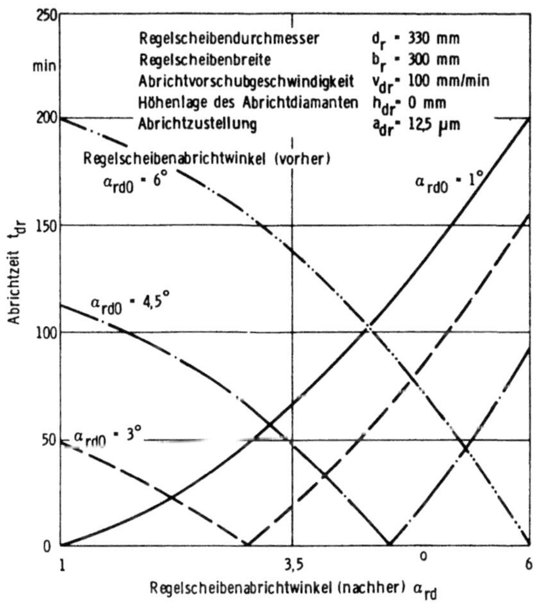

Bild 16: Abrichtzeiten der Regelscheibe beim Umrüsten des Regelscheibenabrichtwinkels (symmetrische Form)

bis zu 78 % möglich.

Die symmetrische Regelscheibe ist somit hinsichtlich

- ihrer geringeren Durchmesserunterschiede und der damit verbundenen gleichmäßigeren Vorschubgeschwindigkeit über der Schleifbreite,
- ihrer besseren Materialausnutzung und daher niedrigeren Werkzeugkosten, sowie
- der weitaus günstigsten Abricht- bzw. Rüstzeiten

bevorzugt einzusetzen.

Zur exakten und vollständigen Untersuchung des Problemkreises Führungsgenauigkeit stellte Meis / 4 / ein geometrisches Modell des Schleifspalts auf, mit dem in Abhängigkeit von den Stellgrößen des Prozesses die Werkstückmittelpunktsverlagerung während des Durchlaufs berechnet werden kann.

Das Modell berücksichtigt einen realen Maschinenaufbau. Im Gegensatz zu den tatsächlichen Verhältnissen wurde allerdings ein ideal starres Verhalten der Maschinenelemente angenommen. Eine weitere Einschränkung wurde aus rechentechnischen Gründen vorgenommen. Da die Werkstückform punktweise beschrieben werden muß und die gewünschte Genauigkeit mindestens 1 μm-Raster erfordern würde, ist es mit vertretbarem Aufwand nicht möglich, das Werkstück in seiner Längenausdehnung zu betrachten. Das Modell verwendet daher ein ebenes, scheibenförmiges Werkstück. Die Arbeitsweise des Rechenprogramms zur geometrischen Simulation des Schleifspalts ist / 4 / zu entnehmen.

Bei den Untersuchungen wurden die verschiedensten Regelscheibenformen betrachtet und hinsichtlich ihrer Führungsqualitäten bewertet. Dabei wurde ein Werkstoffabtrag durch die Schleifscheibe nicht mit in die Berechnung einbezogen. Vielmehr wurde die Mittelpunktsverlagerung des Werkstücks bei konstantem Eingangsdurchmesser d_{w0} über der gesamten Schleifspaltlänge ermittelt. Die im vorangegangenen Abschnitt mit den Berechnungsformeln ihrer Stellgrößen beschriebenen korrigierten Regelscheibenformen boten aufgrund dieser Betrachtung die beste Gewähr für eine optimale Führung. Das heißt, der Mittelpunkt des Werkstücks weicht nur im Mikrometerbereich von der gewünschten Geraden in der vorgegebenen Werkstückhöhenlage ab. Damit war erstmals eine quantifizierbare Aussage über die Führungsgenauigkeit der Regelscheibe bei systematischer Variation der Stellgrößen vorgenommen worden.

Um diese Aussage zu erweitern und zu ergänzen wurde, im Rahmen der hier vorgestellten Forschungsarbeiten, die Änderung des Werkstückmittelpunktverlaufs, bei Verminderung des Eingangsdurchmessers d_{w0} um ein bestimmtes Aufmaß z, untersucht.

Ein Beispiel dafür ist in Bild 17 dargestellt. Hier wird der Einfluß des Werkstückdurchmessers sowohl für die konventionelle als auch symmetrische Regelscheibe auf die Führungsgenauigkeit gezeigt. In der Bildmitte ist jeweils die Bahnkurve des Werkstückmittelpunkts räumlich aufgetragen, wobei die Koordinate x_w die geradlinige und zur Schleifscheibenachse parallele Durchlaufrichtung in der Höhenlage h angibt. Die Koordinate y_w weist zur Schleifscheibe. Seitlich und unterhalb sind die Kurven zur Verdeutlichung der Zahlenwerte in eine vertikale bzw. horizontale Ebene projeziert. Für die symmetrische Regelscheibe verdeutlichen die Ergebnisse eine Werkstückverlagerung in Richtung der Schleifscheibe mit zunehmendem Werkstückdurchmesser. Dagegen bleibt bei der konventionellen Regelscheibe die Bahnkurve des Werkstückmittelpunktes für den untersuchten Durchmesserbereich gleich. Es ist hier also eine Abweichung von der idealen Bahnkurve zu beobachten, die unabhängig vom Werkstückdurchmesser ist.

Als positiver Effekt für beide Regelscheibenformen ist jedoch anzuführen, daß ein nahezu linearer Verlauf erreicht wird. Dadurch ist es möglich, mit Hilfe einer weiteren Korrektur in Form einer Schwenkung von Regelscheibe und Auflageschiene eine geradlinige und gleichzeitig zur Schleifscheibenachse parallele Werkstückbahn zu erzeugen, die dann den Funktionskriterien der axialen Führung genügt.

Zum Abschluß gibt Bild 18 eine Übersicht über die maximalen Abweichungen von der Führungsgerade für unterschiedliche Werkstückdurchmesser und Aufmaße. Die maximale Abweichung wird dabei als Vektor berechnet, zu

$$s_{w\,max} = \sqrt{y_w^2 + z_w^2} \qquad (18)$$

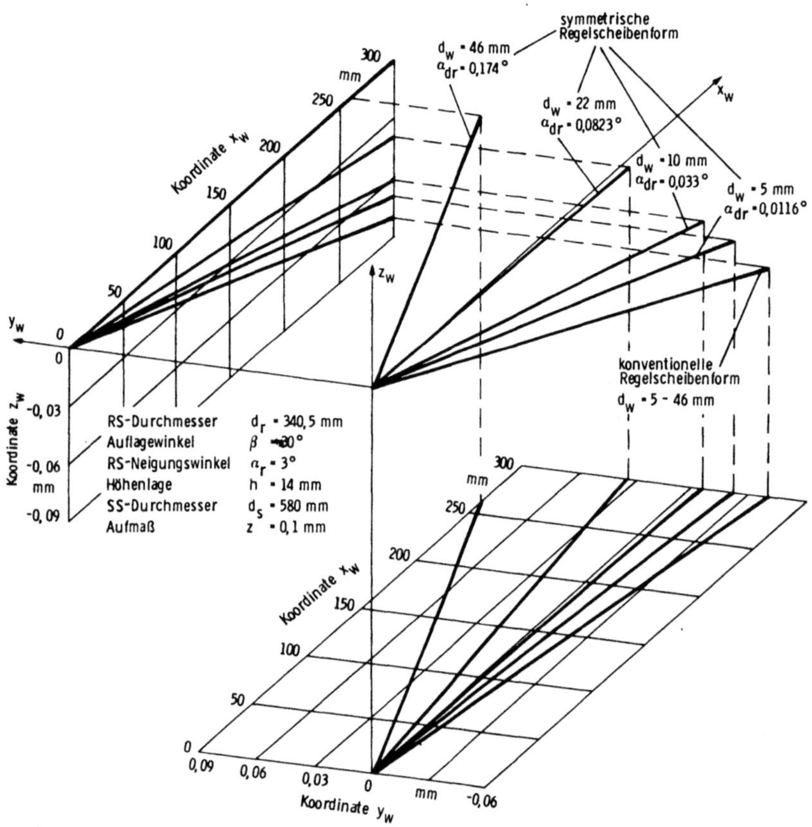

	Regelscheibenform		
	symmetrisch	konventionell	
RS-Schwenkwinkel	δ_r = 0,2469°	δ_r = 0°	
		d_w = 5 mm	d_w = 46 mm
Abrichthöhenlage	h_{dr} = 0 mm	h_{dr} = 13,898 mm	h_{dr} = 13,141 mm
Neigungswinkel des Abrichtdiamanten	siehe oben	α_{dr} = 0,0218°	α_{dr} = 0,1842°

Bild 17: Einfluß des Werkstückdurchmessers auf die Führungsgenauigkeit (Aufmaß z = 0, 1 mm)

die sich am Auslauf des Schleifspalts ergibt. Für einen Regelscheibenneigungswinkel $\alpha_r = 3^o$ und eine Höhenlage h = 14 mm ergibt sich die Ab-

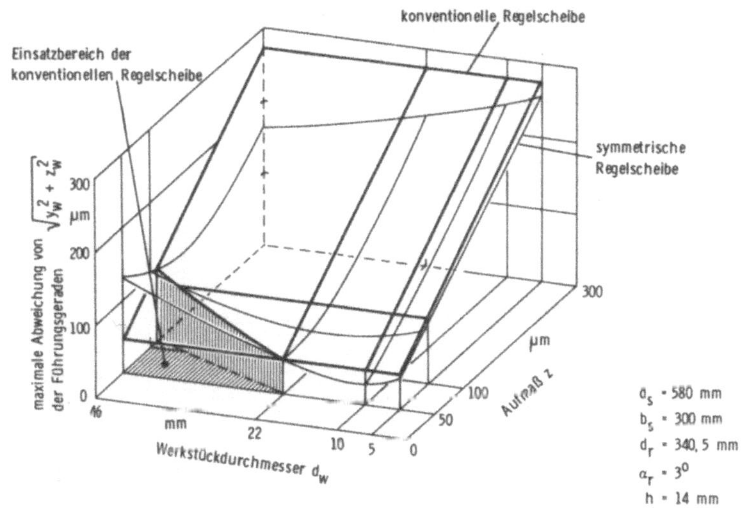

Bild 18: Maximale Abweichung von der Führungsgeraden bei symmetrischer und konventioneller Regelscheibe ($\alpha_r = 3^{\circ}$)

weichung von der Führungsgeraden bei der konventionell korrigierten Regelscheibe als schrägliegende ebene Fläche in dem dargestellten dreidimensionalen System. Die Verlagerung am Auslauf hat dabei immer etwa die Größe des abgeschliffenen Aufmaßes. Die Führungsabweichung der symmetrisch korrigierten Form bildet dagegen eine zweiseitig gekrümmte Fläche. Der aufgrund kleinerer Abweichungen zu bevorzugende Einsatzbereich der herkömmlichen Regelscheibe liegt also bei relativ großen Werkstückdurchmessern und kleinen Aufmaßen, wie aus dem Bild zu erkennen ist. In den anderen Bereichen hat dagegen die symmetrische Regelscheibe z. T. entscheidende Vorteile. Bei größeren RS-Neigungswinkeln verschiebt sich der Einsatzbereich der konventionellen Form in Richtung kleinerer Werkstückdurchmesser und größerer Aufmaße.

Diese mit dem geometrischen Schleifspaltmodell simulierten Ergebnisse können von der Praxis, wie aus Gesprächen und Informationsreisen zu erfahren war, bestätigt werden.

5. Vor- und Randbedingungen der experimentellen Untersuchungen

5.1 Versuchsmaschine und Meßmittel

Zur Durchführung der Schleifversuche stand die in Bild 19 dargestellte spitzenlose Außenrundschleifmaschine (ohne sekundäre Schutzhauben-

Bild 19: Versuchsmaschine und Zusatzaggregate

einrichtung) des Typs SR 41 - Duo zur Verfügung. Sie wurde in Gesprächen mit Vertretern der an den Forschungsarbeiten beteiligten Firma Herminghausen-Werke GmbH ausgewählt. Sowohl Schleifscheibe als auch Regelscheibe verfügen bei diesem Maschinentyp über eine beidseitige hydrodynamische Gleitlagerung. Der Antrieb der Regelscheibenspindel erfolgt schwingungsarm durch einen stufenlos regelbaren Gleichstrommotor, über eine elastische Kupplung und ein Präzisions-Schneckengetriebe. Dadurch sind Drehzahlschwankungen auch bei großen Belastungen und kleinen Drehzahlen für die praktische Anwendung ohne Bedeutung. In Abänderung der serienmäßigen Ausstattung wurde zum Antrieb der Schleifspindel ein thyristorgesteuerter Gleichstrommotor mit einer maximalen Leistung von 55 kW eingesetzt. Die Drehzahlübertragung erfolgt mittels Riementrieb.

Um eine Steifigkeitsbeeinträchtigung durch Führungen auszuschalten ist der Schleifspindelstock fest mit dem Maschinenbett verbunden. Die Zustellung wird daher regelscheibenseitig vorgenommen. Dazu ist hier eine Kugelrollspindel vorhanden, die sich axial durch vorgespannte Wälzlager steif am Maschinenbett abstützt. Zur Verringerung der Reibungskräfte ist der Schlitten für den Regelscheibenspindelstock in einer Rollenführung gelagert. Die Feinzustellung erfolgt über einen Schrittmotor. Zur Erhöhung der Maschinensteifigkeit wurde die Abrichteinheit der Regelscheibe auf das Regelscheibengehäuse gebaut, so daß sich ein geschlossener Lagerwinkel ergibt. Auch die Zustellung des Abrichtwerkzeugs für die Schleifscheibe wird mittels Schrittmotor vorgenommen. Das vorgewählte Abrichtprogramm (Anzahl der Doppelhübe, Abrichtbeträge für Vor- und Rückhub) kann von Hand oder zeitabhängig eingeschaltet werden und läuft automatisch ab.

Weiterhin ist die Maschine mit einem Hydrokompenser ausgerüstet, um ein automatisches und genaues Auswuchten der Schleifscheibe zu gewährleisten.

Angefügt seien schließlich noch die im folgenden aufgelisteten technischen Daten

- Werkstückdurchmesser	d_w	= 2 - 130 mm
- Schleifscheibenabmessungen	d_s	= 600 mm
	b_s	= 300 mm
	d_{bs}	= 304,8 mm
- Regelscheibenabmessungen	d_r	= 350 mm
	b_r	= 300 mm
	d_{br}	= 152,4 mm

Da auch eine Hochdruckkühlung vorgesehen ist, mußte eine stark dimensionierte Kreiselpumpe verwendet werden, die einen maximalen Durchsatz von ca. 300 l/min bei einem Druck von 15 bar liefert.

Zur Reinigung des Kühlschmierstoffs durch Hydrozyklone stand mit einer Anlage des Typs Zyklomat EAH 4/400 eine den vorliegenden Erfordernissen angepaßte Sonderausführung zur Verfügung.

Zur Erläuterung der Bewegungsmöglichkeiten skizziert Bild 20 den Maschinenaufbau. Wie oben bereits erwähnt stellen Schleifscheibengehäuse (9), in dem die Schleifscheibe (10) beidseitig gelagert ist, und Maschinen-

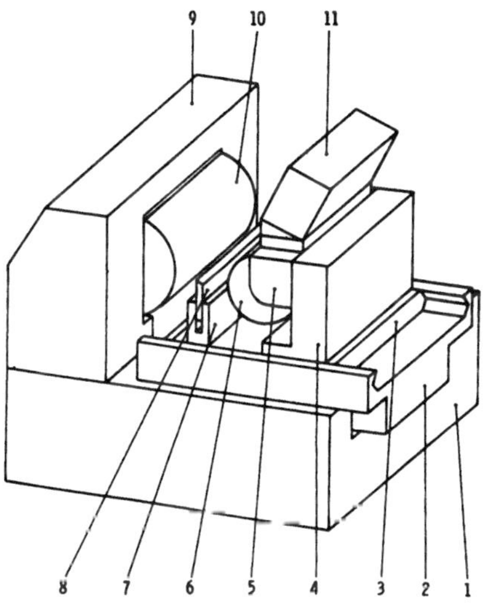

1 Maschinenbett
2 Untersupport
(drehbar gegenüber Maschinenbett - Winkel δ)
3 Obersupport
(translatorische Bewegung auf Untersupport)
4 Regelscheibenlagerwinkel
(translatorische Bewegung auf Obersupport)
5 Regelscheibengehäuse
(drehbar gegenüber RS - Lagerwinkel
- Winkel α_r)
6 Regelscheibe
7 Brücke
(drehbar gegenüber Obersupport - Winkel δ_r)
8 Auflageschiene
9 Schleifscheibengehäuse
(fest verbunden mit Maschinenbett)
10 Schleifscheibe
11 Abrichteinheit für Regelscheibe
(drehbar gegenüber RS - Gehäuse
- Winkel α_{dr})

Bild 20: Maschinenaufbau der spitzenlosen Schleifmaschine Herminghausen SR 41 D

bett (1) eine Einheit dar. Das Abrichtsystem der Schleifscheibe befindet sich an der Rückseite des Gehäuses (hier nicht erkennbar). Der Untersupport (2) kann auf dem Maschinenbett (1) nur gedreht werden, wobei der

Drehpunkt sich unterhalb der Stelle befindet, an der die Werkstücke den Schleifspalt verlassen. Auf dem translatorisch zu bewegenden Obersupport (3) ist der Regelscheibenlagerwinkel (4) wiederum translatorisch geführt. Die Brücke (7) ist dagegen drehbar gelagert, wobei der Drehpunkt in Schleifspaltmitte liegt. Das Regelscheibengehäuse (5) mit der Regelscheibe (6) wird schwenkbar am Regelscheibenlagerwinkel (4) geführt. Die Abrichteinheit (11) ist, wie bereits beschrieben, zur Steifigkeitserhöhung des Lagerwinkels (4) auf dem Gehäuse drehbar (Mitte der Regelscheibe) angeordnet.

Die Bewertung der Rundheit geschliffener Werkstücke wurde nach DIN 7184 vorgenommen. Die Kreisformabweichung f_k repräsentiert danach die Radiusdifferenz zwischen dem kleinsten Umkreis des Istprofils und dem größten dazu konzentrischen Inkreis.

Die Messungen wurden auf einem Talyrond-Gerät der Firma Taylor/Hobson durchgeführt. Dabei wurde nicht der Normalfilter N benutzt, sondern der Tiefpaßfilter B zwischengeschaltet, so daß die Oberflächenrauheit und ihre Spitzen keinen Einfluß auf den Meßwert der Kreisformabweichung haben.

Als Maß für die Oberflächengüte der Schleifproben diente der Mittenrauhwert R_a, der, solange keine speziellen Funktionsanforderungen vorliegen, ein gutes allgemeines Beurteilungskriterium darstellt. Die Ergebnisse wurden mit einem elektrischen Tastschnittgerät Perth-O-Meter Typ Universal S4B bestimmt. Es kam ein halbstarres Tastsystem HT 25/6 zum Einsatz. Der Tastweg betrug einheitlich 5 mm, die Tastgeschwindigkeit 0,6 mm/s. Alle Meßergebnisse stellen das arithmetische Mittel aus mindestens 10 Einzelmessungen dar.

5.2 Untersuchung der Versuchsmaschine

5.2.1 Statische Vermessung

In der Praxis fehlt in vielen Fällen die Möglichkeit einer genauen und nullpunktsicheren Einstellung einer spitzenlosen Schleifmaschine. Dies wird dadurch ausgeglichen, daß sich der Bedienungsmann im Laufe seiner Tätigkeit ein empirisches Wissen über den Prozeß sowie den Einfluß der Maschinenstellglieder auf den Prozeßablauf aneignet. Er kann daher ohne genaue Vorgabe von Einstelldaten den Schleifprozeß zum gewünschten Ergebnis führen. Dies geschieht allerdings nicht zielsicher, wie es bei einer Messung und Überwachung der Einstelldaten möglich wäre, sondern durch mehrmaliges Probieren.

Betroffen von der Ungenauigkeit der Einstellung ist in erster Linie die Regelscheibe und ihre konturerzeugende Abrichtvorrichtung. Daneben hat die Auflageschiene und ihre Stellung relativ zur Regelscheibe ebenfalls Einfluß auf die Führung des Werkstücks, wie im Kapitel 3.2 bzw. 4.1 dargestellt. Es muß also auch hier für eine objektive Einstellmöglichkeit gesorgt werden. Das gleiche gilt für die Stellung von Regelscheibe und Auflageschiene zur Schleifscheibe, da so der für den Prozeß wichtige Konizitätsverlauf über der Schleifbreite bestimmt wird.

Durch die statische Vermessung der spitzenlosen Schleifmaschine sollen nun die folgenden Ziele erreicht werden:

- Nullpunktfindung und -definition aller Maschinenstellglieder relativ zu einander und absolut zum Maschinenbett.
- Voraussetzung für den Anbau von mechanischen Anschlägen sowie digitalen Meßtastern, um eine exakte Maschineneinstellung vornehmen zu können.

Auf diese Art und Weise kann an die Stelle des bisher praktizierten subjektiven Einstellvorgangs seitens des Bedienungsmanns eine objektive, gezielte und damit schnellere Methode treten. Weiterhin ist mit der statischen Vermessung erst die Grundlage für eine genaue Positionierung der Maschinenstellglieder aufgrund von Vorgabedaten gegeben, wie sie mit dem in diesem Vorhaben zu entwickelnden Prozeßmodell berechnet werden sollten.

Die Vorgehensweise bei der Vermessung bzw. Überprüfung der am Schleifprozeß beteiligten Stellglieder ist in Bild 21 gezeigt. Es wurden zunächst die Abrichtschablonen von Schleif- und Regelscheibe auf einer 3-Koordinaten Meßmaschine vermessen, wobei jeweils die Schablonenanlagefläche als Bezugsgerade gewählt wurde. Die Abweichung von dieser Bezugsgeraden betrug in beiden Fällen ± 2 µm und ist damit ausreichend genau. Danach wurde schleifscheibenseitig die Parallelität von Abrichtschablone zur Schleifscheibenspindel gemessen, indem an Stelle des Abrichtdiamanten eine Tasterhalterung an der Pinole befestigt wurde. Durch Verfahren der Abrichtvorrichtung konnte dann mit einem digitalen Taster (Typ METRO 1010 Fa. Heidenhain, Meßgenauigkeit von ± 1 µm) an mehreren Stellen direkt auf der Spindel gemessen werden. Die hierbei ermittelte Abweichung lag im Bereich von ± 3 µm, so daß die Parallelität Abrichtschablone - Schleifscheibenspindel gegeben war ($\delta_{ds} = 0$). Gleichzeitig mit der oben beschriebenen Messung wurde die Lage der Spindel relativ zur Brückenauflagefläche überprüft. Dazu wurde ein digitales Höhenmeßgerät Digimar 817 der Firma Mahr-Feinprüf benutzt. Es wurde auf die Brückenauflagefläche gestellt, um so die Höhe der Spindelmitte zur Auflagefläche durch Abtasten der Spindel in vertikaler Richtung zu ermitteln. Das Resultat ergab, daß die Schleifscheibenspindel einlaufseitig ca. 70 µm höher liegt als am Auslauf. Umgerechnet auf den Lagerabstand ergibt sich so ein Neigungswinkel von 0, 02°, der toleriert werden kann.

Nach Abschluß dieser Messungen wurde dann mit der regelscheibenseitigen Überprüfung und Nullpunktfindung des Stellgliedes begonnen. Da die

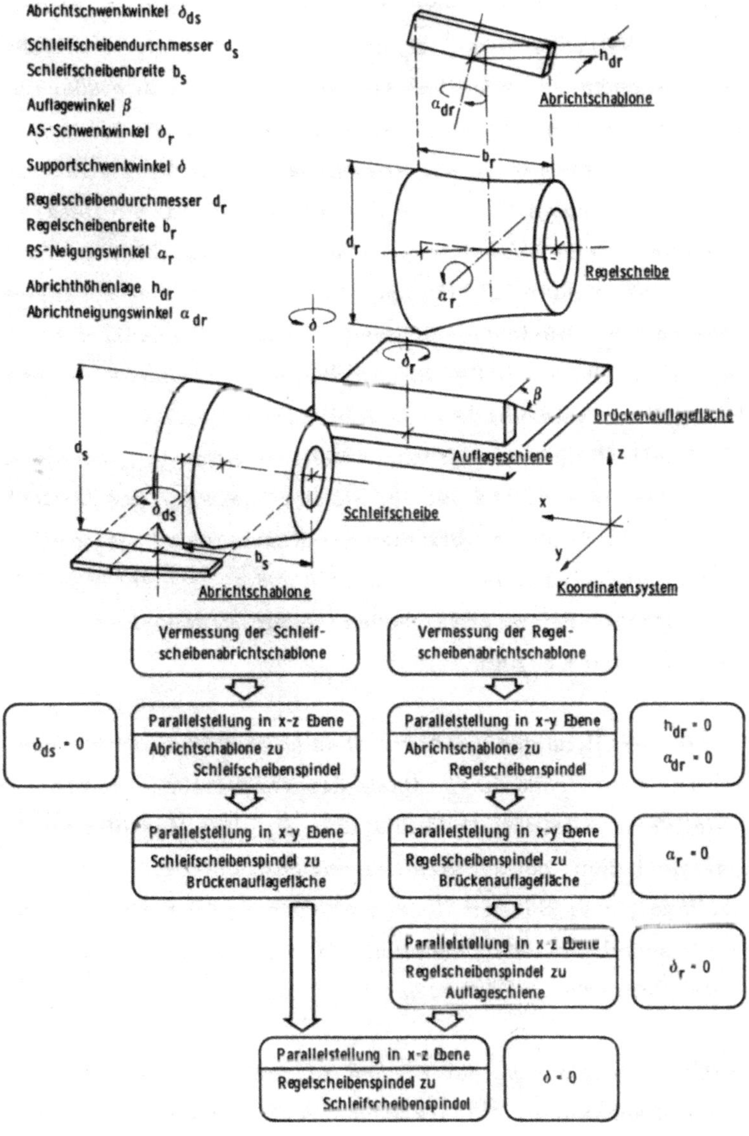

Bild 21: Ablauf der statischen Vermessung einer spitzenlosen Schleifmaschine

Abrichteinheit auf dem Regelscheibengehäuse angeordnet ist, konnte unabhängig vom RS-Neigungswinkel α_r die Nullposition der Abrichtschablone zur Regelscheibenspindel ermittelt werden. Dies geschah wiederum durch Verfahren der Abrichtpinole und direkter Messung auf die Spindel. Ausgangsposition dieser Messung war allerdings die vom Hersteller vorgegebene Nullstellung für den Winkel α_{dr}. Ermittelt wurde ein linearer Abfall der Meßwerte vom Einlauf zum Auslauf hin um ca. 25 μm. Zurückzuführen war dieser Fehler auf eine ungenaue Justierung der Schablonenhalterung innerhalb der Abrichtvorrichtung. Nachdem die dadurch bedingte Ungenauigkeit durch Nachstellen der Schablonenanlagefläche behoben worden war, lag die Abweichung jetzt auch hier im Bereich von $\pm$ 3 μm. Die von der Herstellerfirma vorgegebene Nullstellung für α_{dr} konnte somit bestätigt werden. Das gleiche galt für die Höhenlage h_{dr} des Abrichtwerkzeugs. Sie wurde durch Abrichten der Regelscheibe überprüft. Dies geschah durch Vermessen der mit $\alpha_{dr} = 0$ und $h_{dr} = 0$ erzeugten RS-Kontur. Hinsichtlich der zu erwartenden idealen Zylinderform ergaben sich Differenzen von $\pm$ 8 μm.

Ebenfalls mit dem Höhenmeßgerät wurde dann eine Überprüfung des Neigungswinkels α_r vorgenommen. Basis der Vermessung war dabei die vom Hersteller ermittelte Nullstellung für α_r. Der Meßaufbau und -ablauf ist identisch dem bei der Bestimmung der Schleifspindellage zur Brückenauflagefläche. Bei den Messungen konnte nachgewiesen werden, daß die Regelscheibenspindelachse einlaufseitig 0, 2 mm zu hoch liegt, was zu einer Nullpunktkorrektur um den Winkel $\Delta\alpha_r = 0,044^{\circ}$ führte.

Eine Parallelstellung sowohl der Brücke mit Auflageschiene zur Regelscheibenspindelachse ($\delta_r = 0$) als auch der gesamten auf der Brückenauflagefläche befestigten Regelscheibenseite zur Schleifscheibenspindel ($\delta = 0$) wurde in den folgenden Schritten durchgeführt:

- Ausrichten eines Führungslineals (Genauigkeit $\pm$ 2 μm auf einer Länge von 300 mm) auf der Brückenauflagefläche parallel zur RS-Spindel. Dazu wurde wieder das Höhenmeßgerät Digimar 817 benutzt.

- Justierung zweier Anschläge auf der Brückenauflagefläche relativ zum Führungslineal. Der Abstand wird dabei über Endmaße genau eingestellt und ermittelt. Mit Hilfe dieser Anschläge kann dann die Nullage der Auflageschienenhalterung (Brücke) zur Regelscheibe vorgenommen werden, da das Führungslineal aus Platzgründen nach der Vermessung entfernt werden muß.
- Schwenkung des Untersupports (Brückenauflagefläche mit allen regelscheibenseitigen Maschinenstellgliedern) bis eine parallele Lage des Führungslineals und damit der Regelscheibenspindelachse zur Drehachse der Schleifscheibe erreicht ist ($\delta = 0$). Meßmittel ist das Höhenmeßgerät, das durch das Führungslineal auf der Brückenauflagefläche genau positioniert werden kann und mit dem dann wieder direkt auf der SS-Spindel gemessen wird.

Die statische Vermessung bzw. Überprüfung der Stellglieder ist damit abgeschlossen. Um die dabei ermittelten bzw. bestätigten Nullagen festzuhalten, wurden die Stellglieder nun mit mechanischen Anschlägen ausgerüstet, so daß eine verlorengegangene Nullstellung wiedergefunden werden kann. Im Bild 22 sind die Anschläge und ihre Kontrollmaße für den RS-Neigungswinkel α_r und den Neigungswinkel der Abrichteinheit α_{dr} gezeigt. Weiterhin ist der Wegmeßaufnahmer zur Erfassung der Winkeländerung der Abrichteinheit zu erkennen. Eine Ausrüstung der Maschine mit digitalen Wegmeßgebern(MT 30 der Firma Heidenhain) ermöglicht jetzt die genaue, ziel- und nullpunktsichere Einstellung von Vorgabedaten. Die wichtigsten dazu notwendigen Meßvorrichtungen sind in Bild 23 skizziert. Da sämtliche Winkel über Translation gemessen wurden, war es notwendig die Hebelarme zu den Maschinendrehpunkten zu bestimmen. Dies geschah mit Hilfe der vom Hersteller zur Verfügung gestellten Konstruktionszeichnungen, sowie durch Abgreifen von Maßen an der Maschine. Zur exakten Ausrichtung der Auflageschienenhalterung auf der Brückenauflagefläche wurde die Brücke auf einer 3-Koordinaten Meßmaschine vermessen und über Referenzpunkte auf $\pm$ 5 μm genau ausgerichtet. Um eine schnelle Einstellung der Vorgabedaten zu gewährleisten wurden darüber-

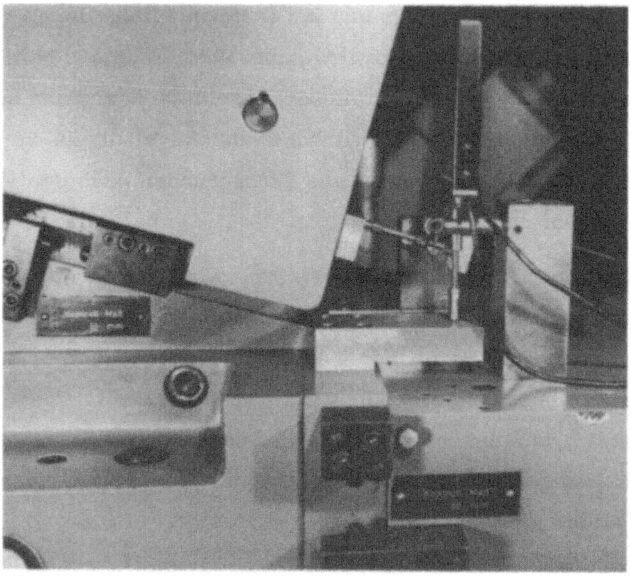

Bild 22: Anbau der Taster, Anschläge mit Kontrollmaßen zur Einstellung der Winkel α_r, α_{dr}

hinaus auf einem Kleinstrechner Programme entwickelt, die die Einstelldaten in die an den Stellgliedern zu verfahrenden Werte umrechnen. Damit sind alle Voraussetzungen für eine schnelle und zielsichere Einstellung von voroptimierten Maschinenstelldaten an der Schleifmaschine geschaffen.

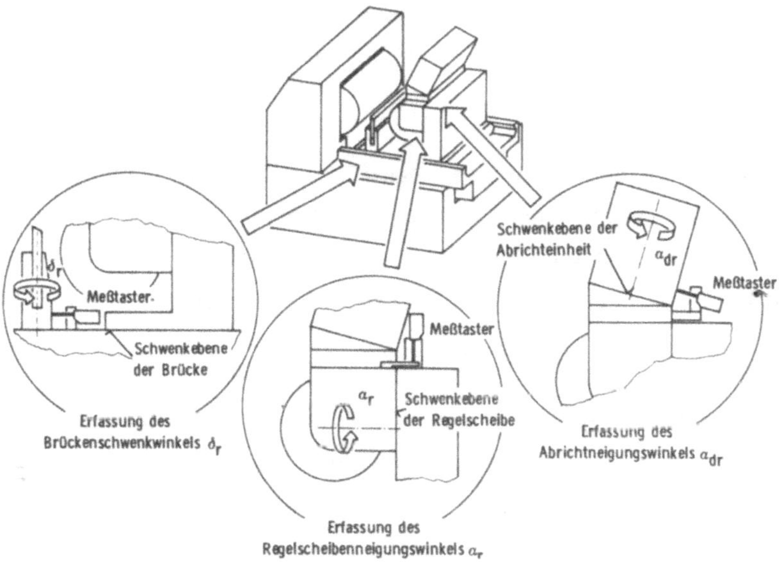

Bild 23: Meßvorrichtungen zur Erfassung der Winkel α_r , α_{dr} , δ_r an einer spitzenlosen Schleifmaschine

5.2.2 Dynamisches Verhalten

Angesichts der Komplexität des spitzenlosen Schleifprozesses und der Vielfalt der Einflußgrößen ist zu erwarten, daß das in diesem Vorhaben angestrebte Prozeßmodell ohne Einbeziehen der Störgrößen keine zuverlässigen Voraussagen gestattet. Es müssen vor allem Störungen durch das dynamische Maschinenverhalten untersucht werden, um so bei der Wahl der kinematischen Schleifbedingungen solche Werte auszuschließen, die Frequenzen im Bereich hoher dynamischer Nachgiebigkeit der im Kraftfuß liegenden Maschinenteile erzeugen.

Zu einer solchen Analyse eignen sich Erregerversuche, die zum einen eine Aussage über die Nachgiebigkeit wesentlicher Bauteile und zum anderen der Betrachtung von Schwingungsformen der Maschine in Abhängigkeit der Frequenz erlauben. Ergänzt werden diese Untersuchungen durch stichpunktartige Schleifversuche.

Zur Ermittlung der Amplituden- und Phasengänge wurde die Maschine mit stochastischen bzw. impulsförmigen Signalen erregt, wobei der Erreger direkt zwischen Schleif- und Regelscheibe eingesetzt wurde. Die Auswertung der Kraft- und Wegsignale erfolgte mit Hilfe eines Fourier-Analysators.

Die Ergebnisausgabe für die gesamte Versuchsmaschine zeigt Bild 24. Hierbei ist über der Frequenzachse die Nachgiebigkeit in logarithmischer

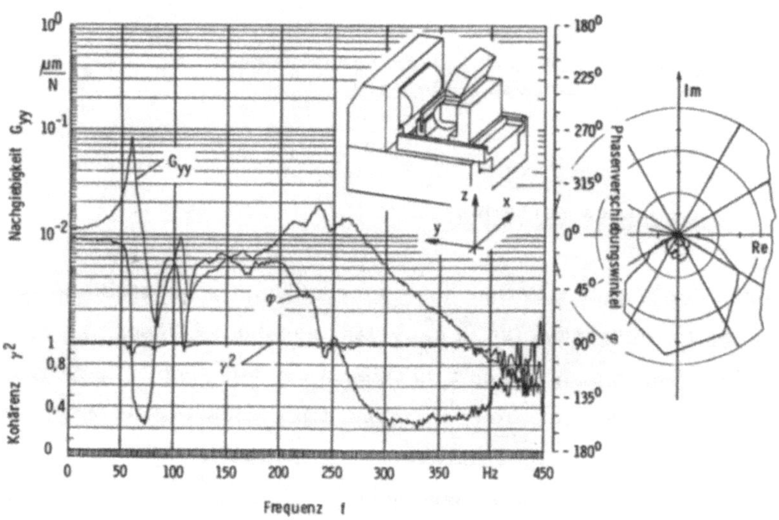

Bild 24: Nachgiebigkeitsfrequenzgang und Ortskurve für die Versuchsmaschine bei einer statischen Verspannung von 3000 N

Teilung, der Phasenverschiebungswinkel φ in Grad, sowie die Kohärenzfunktion γ^2 aufgetragen.

Die Kohärenzfunktion dient zur Kontrolle der Güte des gemessenen Frequenzganges. In dem Frequenzbereich, in dem γ^2 einen Wert größer 0,8 annimmt, ist die Gültigkeit des Ergebnisses hinreichend abgesichert. Die Indizierung der Nachgiebigkeit ist wie folgt zu verstehen: Der erste Index bezeichnet die Richtung der eingeleiteten Kraft und der zweite die Wegmeßrichtung. Für f $\rightarrow$ 0 zeigt der Kurvenverlauf die quasistatische Nachgiebigkeit des Systems in dem durch die statische Vorlast bestimmten Arbeitspunkt. Die wesentlichen dynamischen Nachgiebigkeiten der Maschine sind in der unten aufgestellten Tabelle enthalten.

Frequenz / Hz /	Nachgiebigkeit / μm/N /
0	0,011
60	0,085
108	0,0095
212	0,0135
238	0,019

Zur Ermittlung der Schwingungsformen wurde die Modalanalyse eingesetzt. Dabei werden die Verlagerungen an verschiedenen Punkten der Maschine infolge der Kraftanregung relativ zwischen Werkzeug und Werkstück in Form von Nachgiebigkeitsfrequenzgängen nacheinander gemessen. Über eine automatisierte Auswertung ist es möglich, die Schwingungsformen für die einzelnen Resonanzstellen in ihrer Veränderung sichtbar zu machen. In Bild 25 ist die Schwingungsform der Maschine bei 60 Hz zu erkennen. Auffallend ist die Aufweitung der Maschine durch ein Kippen sowohl des Regelscheiben- als auch des Schleifscheibengehäuses. Darüberhinaus tritt eineVerformung des Lagerwinkels, sowie (hier nicht zu sehen) ein Rutschen des Obersupports in seiner Führung in Zustellungsrichtung auf. Da die bei einer Vorspanung von 3000 N maximal mögliche Verlagerung immerhin bei 250 μm liegt, ist eine Beeinträchtigung der Werkstückgenauigkeit während des Schleifprozesses gegeben. Wie der obigen Tabelle zu entnehmen ist, liegen die Verlagerungen der übrigen Resonanzstellen

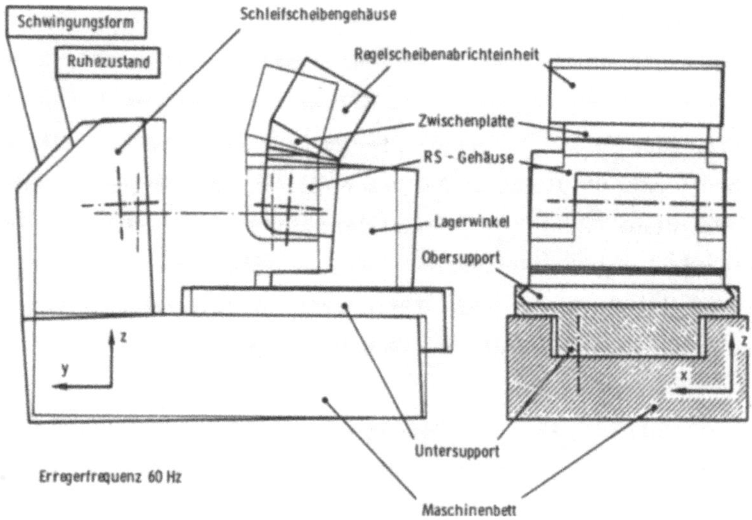

Bild 25: Schwingungsform der Versuchsmaschine bei einer Erregerfrequenz von 60 Hz

allerdings um den Faktor 5 bis 8 niedriger. Darüberhinaus ist anzumerken, daß die Relativwege der Maschinenteile bei sinkender Vorlast linear abnehmen, so daß bei ca. 1000 N nur noch eine Verlagerung um 70 μm bei f = 60 Hz auftritt.

Von entscheidender Bedeutung für die Erzielung eines stabilen Schleifprozesses ist auch die Steifigkeit der Auflageschiene. Daher wurden in zusätzlichen Versuchen die Eigenfrequenzen dieses Bauteils ermittelt. Bild 26 zeigt den Verlauf der Kreuznachgiebigkeit G_{zy}. Diese Nachgiebigkeit wurde untersucht, da sie bei Auflageschienenbelastung im praktischen Einsatz am ehesten auftreten dürfte. Die wesentliche Resonanzstelle liegt hier bei 740 Hz mit einer Nachgiebigkeit von $5 \cdot 10^{-5}$ μm/N. Weitere Resonanzstellen treten im Frequenzbereich von 1500 - 2500 Hz auf. Da die Nachgiebigkeiten um mindestens 3 Zehnerpotenzen kleiner sind als die der Maschine

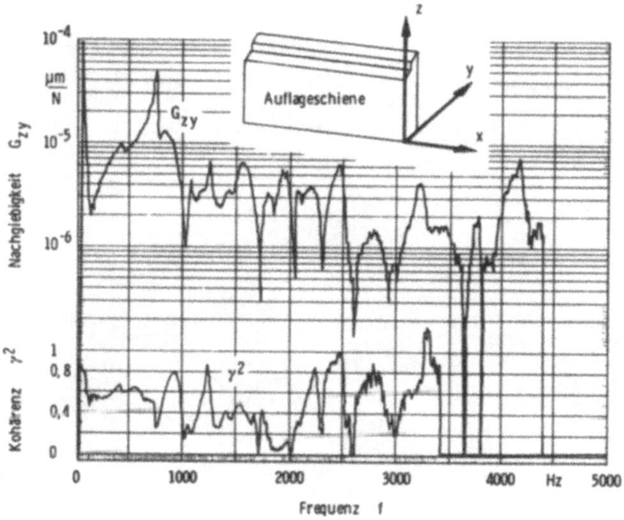

Bild 26: Nachgiebigkeitsfrequenzgang der Auflageschiene

in Zustellungsrichtung, ist bei einer seitlichen Verlagerung (y-Richtung) der Auflageschiene von maximal 0, 2 µm eine Beeinflussung der Stabilität auszuschließen.

Durch die Aufnahme des dynamischen Verhaltens der Schleifmaschine ist die Möglichkeit gegeben, im Falle eines instabilen Schleifprozesses geometrische und dynamische Ursachen gegeneinander abzugrenzen.

Daher wurden zur weiteren Interpretation der Meßergebnisse Schleifversuche durchgeführt. Da davon ausgegangen werden kann, daß bei hohen Werkstückdrehfrequenzen (bzw. in der Regel auch damit verbundenen kleinen Werkstückdurchmessern) eine direkte Abbildung der dominierenden Maschinenschwingung auf dem Werkstückumfang wegen der zu großen Wellenlänge nicht möglich ist, wurden für Versuche Durchmesser mit d_w = 46 mm ausgewählt. Die weiteren geometrischen und kinematischen

Stellgrößen sind dem oberen Teil von Bild 27 zu entnehmen. Um in einen Werkstückdrehfrequenzbereich von kleiner 30 Hz zu kommen, wurde die Vorschubgeschwindigkeit bei $v_t = 2$ m/min ($n_w = 260$ min^{-1}; $f_w = 4,3$ Hz) eingestellt. Die geometrische Stabilität / 13, 4 /, bedingt durch die geome-

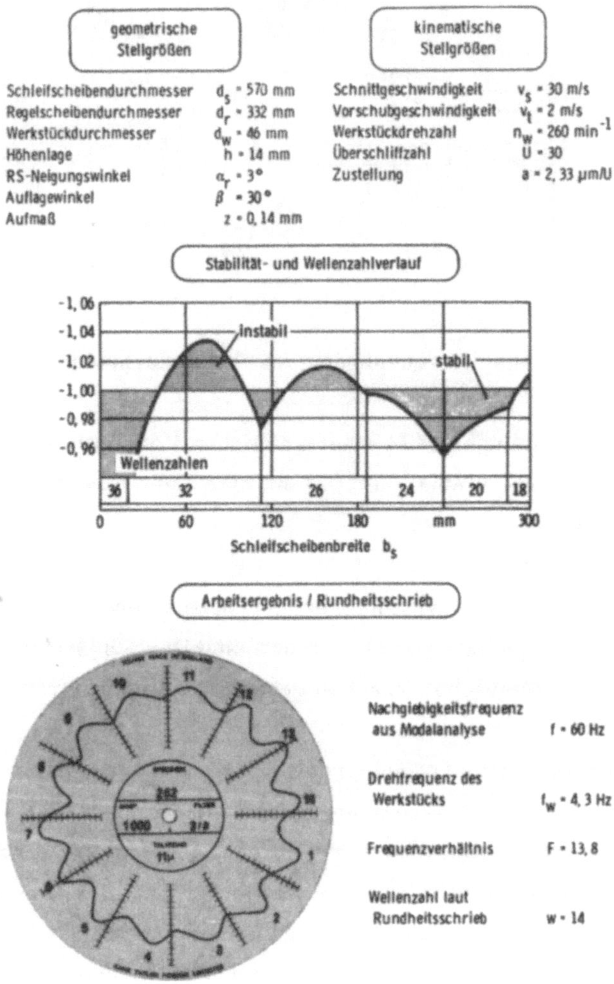

Bild 27: Untersuchung der Kreisform des Werkstücks in Abhängigkeit der Maschinennachgiebigkeit

trischen Stellgrößen, ist im mittleren Teil des Bildes dargestellt. Die Höhenlage wurde so gewählt, daß sich im ersten Teil der Schleifscheibenbreite ein instabiler Verlauf ergab und zum Ende hin stabile geometrische Verhältnisse vorlagen. Die Wellenzahlen liegen dabei im Bereich von 36-18. Den Rundheitsschrieben als Bewertung des Arbeitsergebnisses ist allerdings ein dem Werkstückumfang beim Schleifen aufgeprägtes gleichmäßiges 14-Eck zu entnehmen. Wie leicht nachgewiesen werden kann, wird diese Kreisformabweichung eindeutig durch das dynamische Maschinenverhalten hervorgerufen. Das Frequenzverhältnis von Nachgiebigkeit der Maschine zur Drehfrequenz des Werkstücks beträgt hier annähernd 14 und bestimmt so die Wellenzahl.

Dieser nicht mehr über die geometrische Stabilitätstheorie vorherbestimmbare Zusammenhang zwischen bevorzugt auftretender Wellenzahl, Drehfrequenz des Werkstücks und Nachgiebigkeitsfrequenzgang der Maschine gilt allerdings, wie weitere Versuche zeigten nur für Werkstückdurchmesser mit $d_w > 30$ mm. In diesem Bereich darf demzufolge die Resonanzstelle der Maschine nicht ein ganzzahliges Vielfaches der Drehfrequenz des Werkstücks betragen. Neben der hier untersuchten Frequenz von 60 Hz sollte außerdem der Bereich von 210 - 250 Hz vermieden werden, da dort eine ganze Reihe von Frequenzüberhöhungen auftreten. Verantwortlich für diese Schwingungen sind auch dort vor allem das Rutschen des RS-Lagerwinkels gegen die Zustellung sowie das Kippen des Regelscheibengehäuses mit der Abrichteinheit.

Bei kleineren Werkstückdurchmessern, wie sie auch für die experimentellen Untersuchungen später verwendet wurden, sind diese angegebenen Frequenzbereiche in der Regel unkritisch, da entweder das Produkt aus Drehfrequenz und auftretender Wellenzahl sehr viel größer ist als die zu meidende Resonanzstelle oder sich aufgrund des geringen Werkstückumfangs die Schwingungen nicht auf dem Werkstück abbilden können, da die Wellenlänge zu groß ist.

Die bei diesen Untersuchungen gewonnenen Erkenntnisse sind eine weitere Grundlage für den Aufbau des Prozeßmodells beim spitzenlosen Schleifen, da sie insbesondere für die Wahl der kinematischen Schleifbedingungen (Regelscheibendrehzahl, Vorschub- und Werkstückgeschwindigkeit sowie Werkstückdrehzahl) in Abhängigkeit der geometrischen Vorgabedaten bestimmte einzuhaltende Bedingungen vorschreiben (siehe Kapitel 7.2.2).

5.3 Geometrische Stabilität des Schleifprozesses

Neben dem im vorangegangenen Abschnitt behandelten Problem der dynamischen Maschinenstabilität ist beim spitzenlosen Schleifen der Problemkreis der geometrischen Stabilität von zentraler Bedeutung. Das Verfahrensprinzip, bei dem das Werkstück auf seiner Mantelfläche gleichzeitig gelagert und bearbeitet wird, impliziert einen Rückkopplungseffekt, der in Abhängigkeit der geometrischen Schleifspaltkonfiguration, einen mehr oder weniger großen Einfluß auf die Werkstückqualität hat. Dieser regenerative Vorgang ist von Reeka / 13 / für das Einstechverfahren mathematisch formuliert und von Meis / 3, 4 / auf das Durchlaufverfahren übertragen worden.

Die, die geometrische Stabilität der Einstellung bestimmenden Stell- und Kenngrößen sind bereits im Kapitel 3.2 genannt und erläutert worden. Stabilitätsrelevante Stellgröße ist die Werkstückhöhenlage h, die durch die Kenngröße Tangentenwinkel beschrieben wird. Hierin wird sie mit den anderen im praktischen Einsatz fest vorgegebenen Stellgrößen zusammengefaßt.

Für die in diesem Vorhaben durchgeführten Schleifversuche sind im folgenden die Daten dieser geometrischen Stellgrößen aufgeführt:

- Schleifscheibendurchmesser d_s = 570 - 600 mm
- Regelscheibendurchmesser d_r = 340 - 350 mm

- Werkstückdurchmesser	d_w	=	21 - 22 mm
	d_w	=	16 mm
- Schleifscheibenbreite	b_s	=	300 mm
- Auflagewinkel	β	=	30°
- RS-Neigungswinkel	α_r	=	2 - 6°

Schließlich ist noch die Kontur der Schleifscheibe zu nennen. Sie wurde bis auf eine Einlaufzone b_{se} = 48 mm und eine geringe Ausfunkzone b_{sa} = 9 mm stets geradlinig abgerichtet. Diese Zonen waren notwendig, um einerseits im Einlauf Durchmessertoleranzen auszugleichen und andererseits am Auslauf die Entstehung einer Vorschubspirale auf dem Werkstück zu vermeiden. Diese Vorschubspirale (siehe Bild 13 oben rechts) wird durch das Schleifen mit der Werkzeugkante am Austritt der Werkstücke aus dem Schleifspalt erzeugt. Die effektive Schleifbreite erreicht somit eine maximale Länge von b_{seff} = 243 mm. Aufgrund der unterschiedlichen Schleifspaltkonizität, bedingt durch verschiedene Aufmaße, verringerte sich die effektive Schleifbreite in Abhängigkeit des Aufmaßes bis auf minimale Werte von b_{seff} = 210 mm. Allerdings wurde auch bei einer Verkürzung der wirksamen Schleifbreite die Ausfunkzone immer konstant gehalten, um Verfälschungen des Arbeitsergebnisses auszuschließen.

Die Wahl der Höhenlage erfolgte dann über die von Meis / 4 / entwickelten Stabilitäts- und Wellenzahlkarten. Dabei wurde in Abhängigkeit des jeweiligen Bearbeitungsfalles sowohl auf einen stabilen Verlauf als auch auf große Wellenzahlen ($w > 5$) geachtet. Ein Beispiel für die Höhenlagenwahl ist in Bild 28 gezeigt. Für mittlere Werte von Schleif- und Regelscheibendurchmesser ist hier bei einer Höhenlage h = 14 mm der Verlauf von Stabilität und Wellenzahl über der Schleifscheibenbreite für eine Regelscheibenneigung von 1,5 bis 6° dargestellt.

Es ist zu erkennen, daß geometrisch stabile Bedingungen nicht immer einzuhalten waren. Der am Beginn der Schleifbreite vorhandene begrenzte instabile Bereich kann dabei ohne auffallende Beeinträchtigung der Kreis-

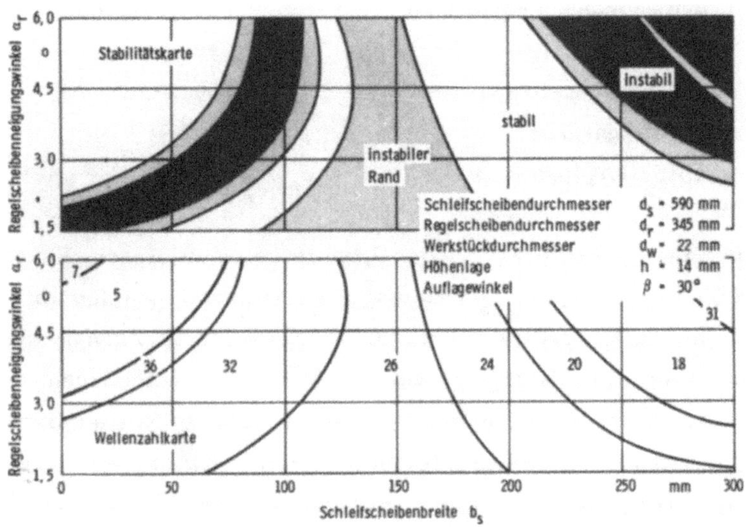

Bild 28: Änderung der Stabilität und der Wellenzahlen über der Schleifscheibenbreite bei Variation des RS-Neigungswinkels

form hingenommen werden, da er z. T. noch in die Einlaufzone fällt (bei kleinen Neigungswinkeln) bzw. sich eine relativ große Zone ohne ausgeprägte Instabilitäten anschließt. Lediglich zu großen Neigungswinkeln hin ($\alpha_r > 4^o$) kann durch den am Ende der Scheibenbreite vorhandenen instabilen Bereich eine Beeinflussung der Werkstückqualität auftreten. Hinsichtlich der Wellenzahlen ist nur der 5- bzw. 7-Eckbereich zu Beginn des Durchlaufs kritisch. Aufgrund der Einlaufzone (b_{se} = 48 mm) ist allerdings erst ab $\alpha_r > 4,5^o$ mit einer Verschlechterung der Kreisform zu rechnen. Da der 5-Eckbereich aber nur sehr klein ist und maximal 13 % der effektiven Schleifbreite beträgt, kann in der restlichen Schleifzone ein eventuell entstandener Fehler wieder abgebaut werden, insbesondere da hier die Wellenzahlen zwischen 36 und 18, also bei hohen Werten liegen, die eine ausreichende Qualität gewährleisten.

Anzumerken ist noch, daß auch bei Variation der Durchmesser d_s, d_r und d_w im oben angegebenen Bereich, keine nennenswerten Änderungen der dargestellten Karten für h = 14 mm auftreten. Die Beeinflussung der Versuche und des Arbeitsergebnisses bei d_w = 21 - 22 mm durch die geometrische Schleifspaltkonfiguration kann demzufolge für alle Fälle diesen Karten (Bild 28) entnommen werden.

5.4 Abrichtbedingungen für Schleif- und Regelscheibe

Die bei den Laborversuchen verwendete Schleifscheibe hatte die Spezifikation

EKr 60/3 M 5 Ke.

Sie wurde ausgewählt, da sie sich für Schleifoperationen in der Praxis als günstig erwiesen hat. Aufgrund der Abmessungen der Schleifscheibe sowie der Körnung wurde als Abrichtwerkzeug eine Abrichtplatte (Fliese) der Firma Winter mit der Bezeichnung

FCS 115 W

eingesetzt. Folgende Abrichtbedingungen gelten für alle Versuche

Abrichtzustellung	a_{ds}	= 30 µm
Abrichtdrehzahl	n_{sd}	= 1000 - 1050 min^{-1}

Der Abrichtvorschub s_{ds} muß in Abhängigkeit der Wirkbreite des Abrichtwerkzeugs und des Überdeckungsgrades nach folgender Formel bestimmt werden

$$s_{do} = \frac{b_{ds}}{u_{ds}}. \qquad (19)$$

Die Wirkbreite der Abrichtplatte wird dabei mit Hilfe der Plättchenmethode ermittelt (Bild 29) und ergibt sich als die Breite, mit der je nach vorgegebener Zustellung a_{ds} das Abrichtwerkzeug während des Abrichtens in Eingriff ist / 15, 16 /. Der Überdeckungsgrad hängt ebenfalls von der Ab-

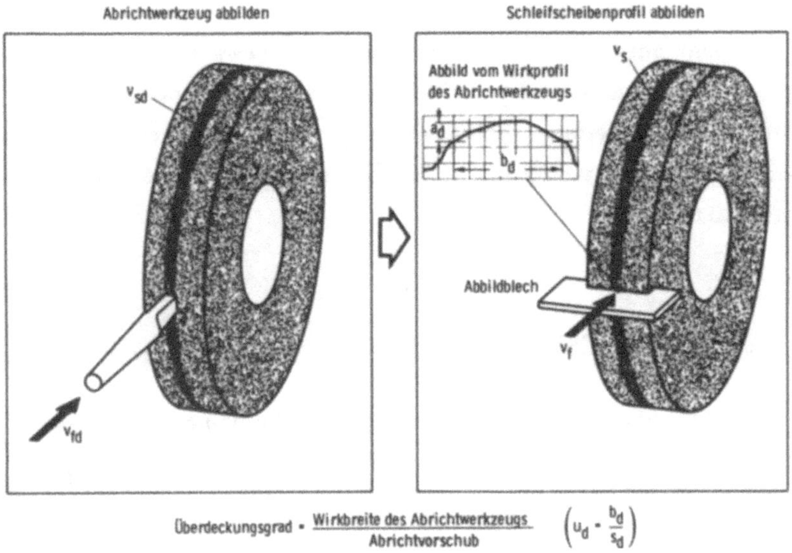

Bild 29: Bestimmung der Wirkbreite von Abrichtwerkzeugen

richtzustellung ab, zusätzlich muß allerdings noch die Körnung der Schleifscheibe zur Bestimmung hinzugezogen werden. Bei der hier vorhandenen Körnung 60, sollte der Überdeckungsgrad

$$u_{ds} = 4$$

in etwa eingehalten werden / 15 - 17 /, so daß der damit festgelegte Abrichtvorschub im Bereich

$$s_{ds} = 0,13 - 0,2 \text{ mm/U}$$

variiert.

Die Zusammensetzung der Regelscheibe ergibt sich aus der Spezifikation

NK 90/2 Q 2 Gu.

Diese hat sich sowohl in vorangegangenen Untersuchungen / 2, 3 / als auch in der Praxis bewährt.

Abgerichtet wurde mit einem Einkorndiamant der Qualität

BASRAM 1, 75 kt.

Weitere Bedingungen

Abrichtzustellung	a_{dr}	= 12, 5 μm
Abrichtdrehzahl	n_{rd}	= 500 min^{-1}
Abrichtvorschub	s_{dr}	= 0, 2 mm/U

Die Regelscheibe erhielt unter Zugrundelegung der in Bild 13 aufgeführten Formeln eine korrigiert-symmetrische, rotationshyperboloidische Form.

6. Experimentelle Untersuchungen

6.1 Einfluß der Schleifbedingungen auf die Kreisformabweichung

Als Kriterium der Werkstückqualität wird beim spitzenlosen Schleifen neben der Maßgenauigkeit in erster Linie die Kreisformabweichung herangezogen. Daneben sind außerdem noch Oberflächengüte und Zylindrizität zu nennen, wobei die Zylindrizität in diesem Zusammenhang ein sekundäres Problem ist da sie sich in der Mehrzahl der Anwendungsfälle durch Beachten einfacher Regeln für die Werkstückführung im Schleifspalt und im Bereich der Zu- bzw. Abführungsbacken gewährleisten läßt.

In den vorangegangenen Kapiteln wurden durch eine Analyse des Schleifprozesses bereits die Wirkzusammenhänge aufgezeigt sowie auf die Schleifspaltgeometrie und die daraus resultierende Prozeßstabilität eingegangen. Durch die Versuche soll nun die experimentelle Basis geschaffen und das Übertragungsverhalten des Prozesses (Abhängigkeit des Arbeitsergebnisses von Stell- und Kenngrößen) untersucht werden.

Eine derartige Aufgliederung erleichtert und präzisiert einerseits die funktionale Beschreibung des bei summarischer Betrachtung außerordentlich komplexen Zusammenhangs, andererseits gestattet sie eine Superposition der einzelnen Wirkmechanismen unter geänderten Randbedingungen und erlaubt so eine weitgehende Verallgemeinerung.

Dazu wird für das Kriterium - Kreisformabweichung - zunächst seine Änderung bei ungestörtem Rundungsprozeß und später bei gestörtem Rundungsprozeß also bei gesteigerter Vorschubgeschwindigkeit und Werkstückdrehzahl betrachtet.

6.1.1 Ungestörter Rundungsprozeß

Für die experimentellen Untersuchungen wurden vorgeschliffene Rollen für Wälzlager aus 100 Cr 6 verwendet. Die Werkstücke waren bis zu einer Tiefe von 3 bis 4 mm auf 63 - 64 HRC gehärtet. Es konnten dadurch Versuchsreihen mit mehreren (maximal 4) Werkstückdurchläufen und einem Vorschliffaufmaß von jeweils z = 0,3 mm vorgenommen werden, ohne daß eine Beeinflussung des Ergebnisses durch den Werkstoff gegeben war.

Die Anfangskreisformabweichung f_{k0} wurde in Form einer Fase aufgebracht, wodurch einerseits eine größtmögliche Reproduzierbarkeit der Ergebnisse und zum anderen eine gute Näherung sämtlicher harmonischer Fehler höherer Ordnung sichergestellt werden konnte / 13, 18 /.

Um instationäre Störungen weitgehend auszuschalten, wurde die Vorschubgeschwindigkeit für die Versuche mit v_t = 2 m/min bei allen RS-Neigungswinkeln gering gehalten. So konnte ausschließlich der Einfluß der geometrischen Schleifspaltkonfiguration sowie der eingestellten Schleifspaltkonizität auf das Arbeitsergebnis festgestellt werden.

In den Bildern 30 und 31 sind die Versuchsergebnisse für verschiedene RS-Neigungswinkel, Aufmaße und Anfangskreisformabweichungen als bezogene Kreisformabweichung über der Überschliffzahl aufgetragen. Bei gleicher wirksamer Schleifbreite b_{seff} für alle Versuche ergeben sich durch die unterschiedlichen Neigungswinkel zum einen verschiedene Überschliffzahlen und daher wegen des konstanten Aufmaßes verschiedene Zustellungen pro Umdrehung (siehe Bild 8). Zum andern ändert sich bei fest vorgegebener Vorschubgeschwindigkeit auch die Werkstückdrehzahl n_w. So gilt für die Bilder 30 und 31

n_w = 550 min^{-1} für α_r = 3°

n_w = 370 min^{-1} für α_r = $4,5^o$

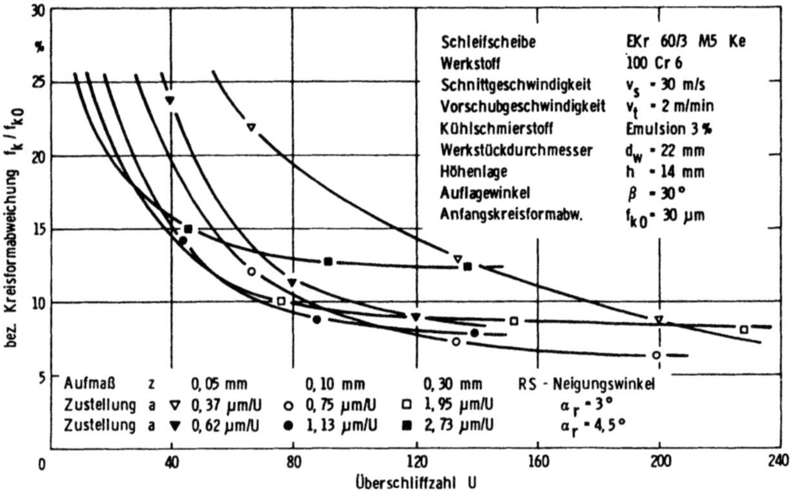

Bild 30: Abnahme der bez. Kreisformabweichung mit der Überschliffzahl (f_{k0} = 30 µm; d_w = 22 mm)

Da die Unterschiede jedoch nicht gravierend und die Drehzahlen der Werkstücke relativ gering sind, konnte ihr Einfluß hier vernachlässigt werden.

Aus Bild 30 ist zu ersehen, daß sich die Kreisformabweichung innerhalb der ersten 60 Umdrehungen sprunghaft verbessert und sich zu hohen Überschliffzahlen hin asymptotisch einem Endwert nähert. Dabei ist allein die Zustellung pro Umdrehung maßgebend für die Abnahme der Kreisformabweichung. Bei großen Zustellungen, wie z.B. a = 2,73 µm/U, wird zu Beginn eine schnellere Verbesserung des Arbeitsergebnisses erreicht als bei kleineren Zustellbeträgen (a = 0,75 µm/U). Allerdings liegt dann für die endgültige bez. Kreisformabweichung auch ein schlechterer Endwert vor. Anzumerken ist außerdem, daß geringe Zustellungen, z.B. a = 0,37 µm/U, keinen so ausgeprägten hyperbelartigen Verlauf verursachen. Sie verlaufen

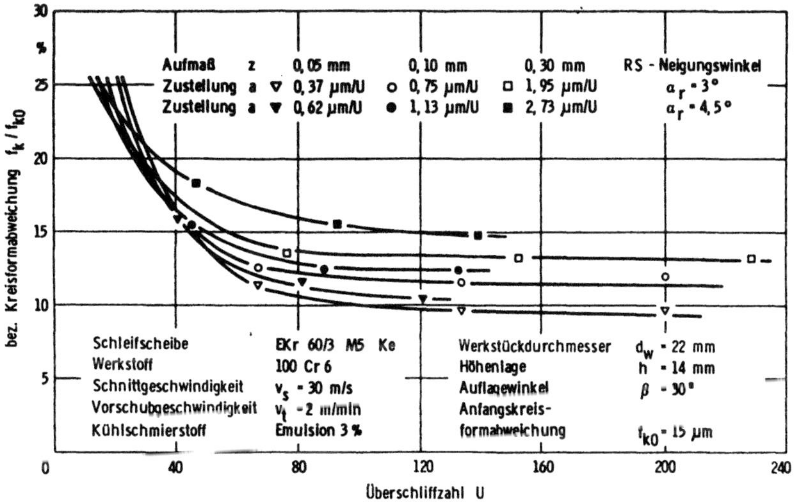

Bild 31: Abnahme der bez. Kreisformabweichung mit der Überschliffzahl (f_{k0} = 15 µm ; d_w = 22 mm)

auch bei U = 200 bzw. nach 3 Durchgängen und einer Anfangskreisformabweichung von f_{k0} = 30 µm noch nicht horizontal.

Bild 31 zeigt die Kurvenschar bei gleichen Bedingungen aber einem Anfangswert der Kreisformabweichung f_{k0} = 15 µm. Bereits nach 80 Werkstückumdrehungen laufen fast alle Kurven in einen stationären Bereich hinein. Eine Verbesserung des Arbeitsergebnisses bei konstanten Zustellbeträgen durch Steigerung der Überschliffzahl ist dann nicht mehr gegeben. Die Zuordnung der Zustellung zum minimal möglichen und erreichbaren Endwert ist für die oben angegebene Anfangskreisformabweichung dem Bild direkt zu entnehmen.

Bei einem Vergleich der Kurvenverläufe von Bild 30 und 31 im Bereich des stationären Endzustands läßt sich feststellen, daß der Endfehler nicht von der Anfangskreisformabweichung abhängt. So liegt für $f_{k0} = 30\ \mu m$ der Bereich von f_k/f_{k0} zwischen 5 % und 9 %, sowie für $f_{k0} = 15\ \mu m$ bei 10 % bis 15 %, was in beiden Fällen einer Kreisformabweichung von 1,5 - 3 μm entspricht.

Weitere Versuchsergebnisse sind in Bild 32 aufgetragen. Der Regelscheibenneigungswinkel wurde auf $\alpha_r = 2^{\circ}$ fest eingestellt, wodurch sich bei

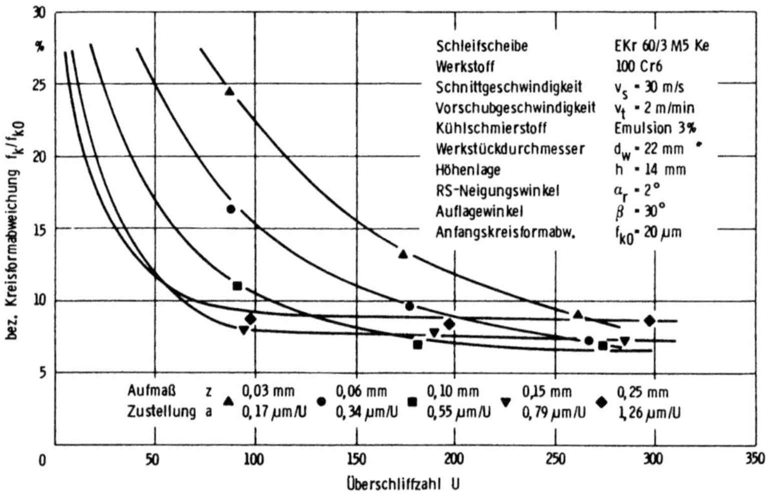

Bild 32: Abnahme der bez. Kreisformabweichung mit der Überschliffzahl ($f_{k0} = 20\ \mu m$; $d_w = 22$ mm)

konstanter Vorschubgeschwindigkeit eine Erhöhung der Werkstückdrehzahl auf $n_w = 830\ min^{-1}$ ergibt, die aber, wie spätere Ergebnisse zeigen (Kapitel 6.1.2), keinen Einfluß auf das Arbeitsergebnis hat. Die hyperbelartigen Verläufe für die Abnahme der Kreisformabweichung bei zunehmender Überschliffzahl treten auch hier wieder auf.

Zur Gegenüberstellung wurden außerdem Stichversuche mit einem Werkstückdurchmesser $d_w = 16$ mm vorgenommen. Es handelte sich hierbei um

Rollen mit einer Bearbeitungslänge von l = 26 mm. Der Werkstoff und die Werkstoffbehandlung sind identisch mit denen der Werkstücke der vorangegangenen Untersuchungen.

Die Ergebnisse der Schleifversuche (Bild 33) zeigen im Vergleich zu Bild 30 einen zu geringfügig schlechteren bez. Kreisformabweichungen verschobenen Verlauf. Zurückzuführen ist dies auf die höhere Werkstückdrehzahl, die bei einer Vorschubgeschwindigkeit v_t = 2 m/min für $\alpha_r = 2^o$ bzw. v_t = 4 m/min bei $\alpha_r = 4^o$ wegen des kleineren Werkstückdurchmessers zustande kommt.

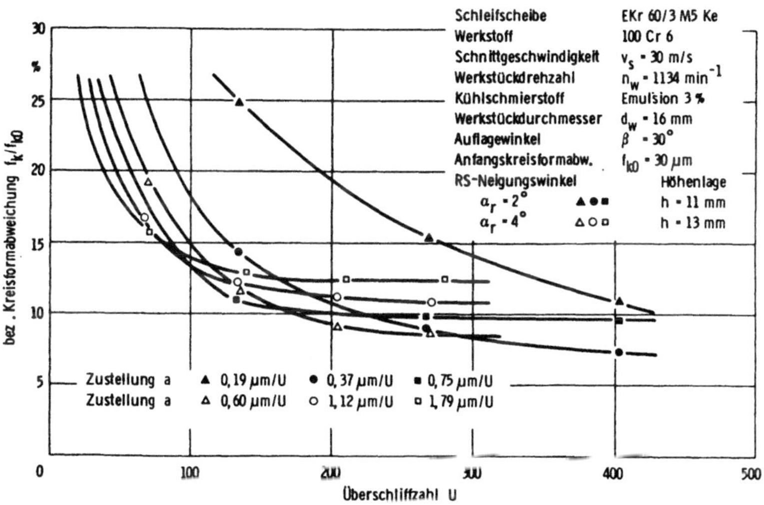

Bild 33: Abnahme der bez. Kreisformabweichung mit der Überschliffzahl (f_{k0} = 30 µm ; d_w = 16 mm)

Unter weitgehender Ausschaltung des Geschwindigkeitseinflusses auf das Arbeitsergebnis sind mit den Kenngrößen Überschliffzahl und Zustellung die Größen gefunden, durch die das Arbeitsergebnis im wesentlichen gesteuert und bestimmt wird. Der Zusammenhang mit den Stellgrößen

(Bild 8) wird in den unten aufgeführten Gleichungen nochmals verdeutlicht.

$$U = \frac{b_{seff}}{\pi \, d_w \tan \alpha_r} \tag{20}$$

$$a = \frac{z}{2\,U} \tag{21}$$

Hinsichtlich der Wahl praxisrelevanter Stellwerte lassen sich folgende Schlüsse ziehen:

- Zu bevorzugen sind große Schleifbreiten und kleine Regelscheibenneigungswinkel wodurch große Überschliffzahlen erreicht werden, die zum einen die Zustellung pro Umdrehung gering halten und zum anderen das Erreichen eines stationären Endzustandes ermöglichen.
- Zu beachten ist, daß sich die Überschliffzahl bei der Bearbeitung größerer Werkstückdurchmesser aber sonst gleichen Bedingungen verringert. Reicht dadurch die Überschliffzahl eines Durchgangs zur vollständigen Konvergenz des Rundungsablaufes nicht aus, muß eine Bearbeitung in mehreren Durchgängen erfolgen, wobei eine große Zustellung zu Beginn den Arbeitsfortschritt beschleunigt. Es sollte aber auch die große Zustellung durch Aufmaßvergrößerung und weniger durch Verringerung der Überschliffzahl erreicht werden, um einen schnellen Arbeitsfortschritt zu erzielen. Erst im letzten Durchlauf sollten die Vorteile des kleinen Aufmaßes genutzt werden.
- Hinsichtlich der Anfangskreisformabweichung ist festzustellen, daß bei einem geringen Wert erheblich weniger Überschliffe notwendig sind, um das in Abhängigkeit des Zustellbetrages bestmögliche Arbeitsergebnis zu erzielen. Die erreichbare Rundheit ist dabei weitgehend unabhängig vom Anfangswert der Kreisformabweichung.

6.1.2 Rundungsprozeß bei erhöhter Vorschubgeschwindigkeit

Im folgenden soll nun die bisherige Betrachtung des ungestörten Rundungsprozesses durch Versuche mit erhöhter Vorschubgeschwindigkeit und Werkstückdrehzahl erweitert werden. Hierzu wird eine Variation der Stellgröße n_r (Regelscheibendrehzahl) vorgenommen.

Für den RS-Neigungswinkel $\alpha_r = 3^o$ sind die Versuchsergebnisse in den Bildern 34 und 35 aufgetragen. Bei der gewählten Vorschubgeschwindig-

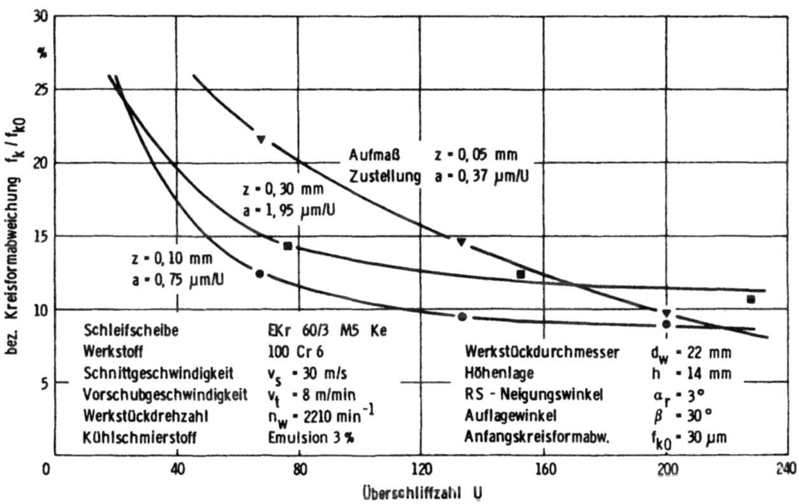

Bild 34: Abnahme der bez. Kreisformabweichung mit der Überschliffzahl und erhöhter Vorschubgeschwindigkeit (f_{k0} = 30 µm; $\alpha_r = 3^o$)

keit von v_t = 8 m/min und der eingestellten Neigung ergibt sich die Werkstückdrehzahl zu n_w = 3310 min^{-1}. Alle anderen Bedingungen, wie Aufmaß, Überschliffzahl oder auch Höhenlage sind identisch mit denen der Untersuchung des ungestörten Rundungsprozesses (Bild 30 und 31). Bei einem Vergleich mit diesen Ergebnissen zeigt sich, daß trotz der hier vorliegen-

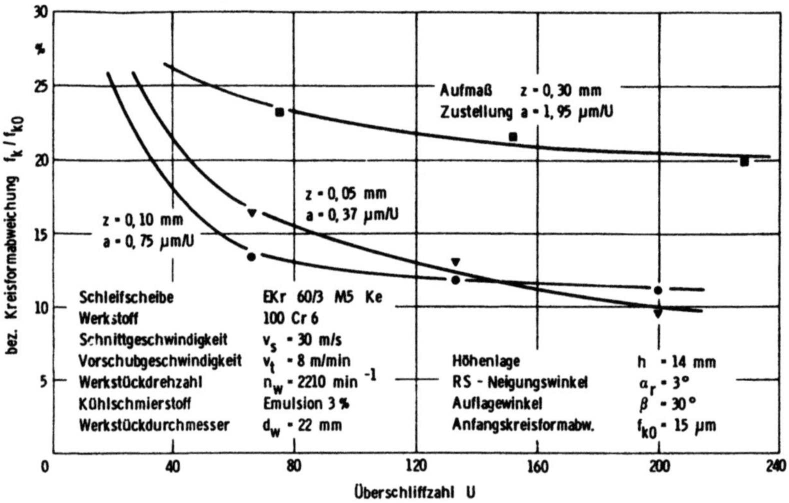

Bild 35: Abnahme der bez. Kreisformabweichung mit der Überschliffzahl und erhöhter Vorschubgeschwindigkeit (f_{k0} = 15 µm; α_r = 3°)

den hohen Werkstückdrehzahlen keine nennenswerten Verschlechterungen der erzielten Endkreisformabweichungen zu verzeichnen sind. Lediglich bei der größten Zustellung a = 1,95 µm/U ist für beide f_{k0}-Werte eine Verschiebung zu einer schlechteren bez. Kreisformabweichung zu erkennen. Weiterhin sollte angemerkt werden, daß der stationäre Bereich bei der kleinen Anfangskreisformabweichung f_{k0} = 15 µm (Bild 35) hier sehr viel später erreicht wird als beim ungestörten Rundungsablauf. Er tritt erst nach etwa 120 Überschliffen auf und wird stark vom Zustellbetrag beeinflußt. Wie bei f_{k0} = 30 µm (Bild 30 und 34) ist daher auch für die Zustellung a = 0,37 µm/U nach ca. 200 Überschliffen die Endkreisformabweichung noch nicht erreicht. Hier macht sich die Erhöhung der Vorschubgeschwindigkeit durch eine langsamere Abnahme der bez. Kreisformabweichung bemerkbar.

Weitere Schleifversuche bei größeren RS-Neigungswinkeln ($\alpha_r = 4,5^o$ bzw. 6°) ergaben ebenfalls Arbeitsergebnisse, die in etwa dem des ungestörten Rundungsablaufes (Bilder 30 - 31) entsprechen. Stellenweise konnte aber auch eine geringfügig günstigere bez. Kreisformabweichung im Sättigungsbereich des Kurvenverlaufs erreicht werden. Eine Darstellung der Ergebnisse ist überflüssig, da sie keine neuen über den Rahmen der Bilder 34 und 35 hinausgehenden Aussagen vermitteln.

An dieser Stelle sollen nun die Punkte erwähnt werden, die sich aus dem in diesem Abschnitt aufgezeigten Prozeßverhalten ergeben:

- Es kann ohne wesentliche Beeinträchtigung der Kreisformabweichung eine höhere Vorschubgeschwindigkeit gewählt werden. Diese sollte jedoch nur beim Vorschliff ($z \geq 0,1$ mm) eingesetzt werden, da die Oberflächengüte den geforderten Zielkriterien in der Mehrzahl der Anwendungsfälle nicht entsprechen wird (siehe auch Kapitel 6.2.1). Weiterhin muß darauf geachtet werden, daß zur Rattergrenze (n_w ist dafür bestimmend) hin ein genügender Abstand gewahrt wird.
- Auch beim gestörten Rundungsprozeß sind große Überschliffzahlen zu bevorzugen. Diese sollten möglichst über eine große effektive Schleifbreite und weniger durch eine Verringerung des Neigungswinkels erzielt werden, um die dabei entstehenden Drehzahlerhöhungen zu vermeiden.

6.1.3 Einfluß von Vorschubgeschwindigkeit und Werkstückdrehzahl

In der Praxis orientiert sich die Prozeßtechnologie nicht ausschließlich an der Erzielung eines optimalen Arbeitsergebnisses, sondern vor allem auch an der Beachtung der Wirtschaftlichkeit. Um einen Kompromiß zwischen beiden Bereichen zu finden, soll im folgenden der Einfluß einer systematischen Steigerung von Vorschubgeschwindigkeit und damit verbunden der Werkstückdrehzahl untersucht werden.

Die dafür durchgeführten Versuche wurden mit Werkstücken ohne Fase und einer mittleren Kreisformabweichung $\bar{f}_k$ = 1 µm unter den unten aufgeführten Schleifbedingungen vorgenommen:

Aufmaß	z = 0, 05 - 0, 3 mm
RS-Neigungswinkel	α_r = 2 - 6°
Vorschubgeschwindigkeit	v_t = 2 - 42 m/min
Werkstückdrehzahl	n_w = 300 - 6800 min^{-1}

In den Bildern 36 und 37 sind die dabei gemessenen Kreisformabweichungen nach einem Durchlauf jeweils für einen Regelscheibenneigungswinkel

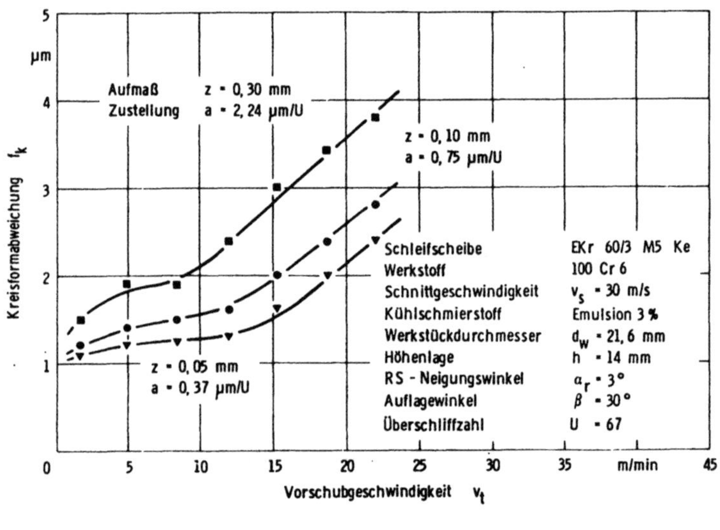

Bild 36: Einfluß der Vorschubgeschwindigkeit auf die Kreisformabweichung für den RS-Neigungswinkel α_r = 3°

zusammengefaßt und über der Vorschubgeschwindigkeit aufgetragen. Die Ergebnisse in Bild 36 für das Schlichtaufmaß z = 0, 05 mm nehmen wenig aber stetig mit der Vorschubgeschwindigkeit zu. Ein Grenzwert wird, verbunden mit einer plötzlich eintretenden Verschlechterung des Arbeitsergeb-

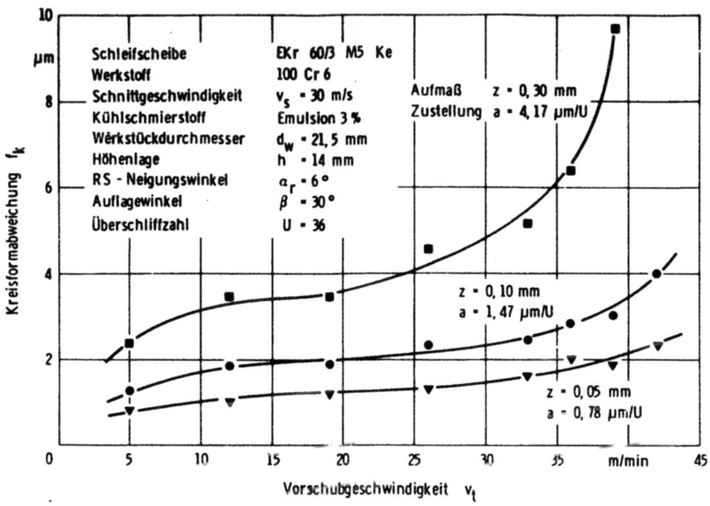

Bild 37: Einfluß der Vorschubgeschwindigkeit auf die Kreisformabweichung für den RS-Neigungswinkel $\alpha_r = 6^o$

nisses für z = 0, 05 und 0, 1 mm bei v_t = 12 m/min erreicht. Die Erklärung für dieses Verhalten muß in den erheblichen Massenkräften gesucht werden, die bei den hier auftretenden Drehzahlen von $n_w \geq 3500\ min^{-1}$ schon durch geringe Unwuchten im Werkstück entstehen und den Schleifprozeß stören. Das den Bedingungen des Vorschliffs zuzuordnende Aufmaß von z = 0, 3 mm hat bereits bei v_t = 8 m/min die Rattergrenze erreicht.

Eine Steigerung des RS-Neigungswinkels auf $\alpha_r = 6^o$ (Bild 37) ergibt bei gleichen Werkstückdrehzahlen eine Erhöhung der Vorschubgeschwindigkeit um fast 100 %. Damit verbunden ist bei gleichen Aufmaßbeträgen auch eine entsprechende Vergrößerung des Zeitspanungsvolumens (siehe Formel Bild 8). Die Kurven sind insgesamt zu einem höheren Niveau der Kreisformabweichung verschoben, was aufgrund der hier vorliegenden geringeren Überschliffzahl und den dadurch bedingten größeren Zustellbeträgen bei konstantem Aufmaß zu erwarten war. Das Erreichen der Rattergrenze ist hier durch das günstige Verhältnis von Werkstückdrehzahl zu Vorschubgeschwindigkeit erst bei v_t = 26 m/min gegeben. Demgegenüber ist der Steigerung der Vorschubgeschwindigkeit unter Schruppbedingungen, wie bereits oben erwähnt, vor Erreichen der Grenzdrehzahl ein Ende durch Rattererscheinungen infolge zu hoher Schnittkräfte gesetzt.

Zur Gegenüberstellung der bisher vorgestellten Versuchsergebnisse, ist in Bild 38 die Änderung der Kreisformabweichung bei verschiedenen Zu-

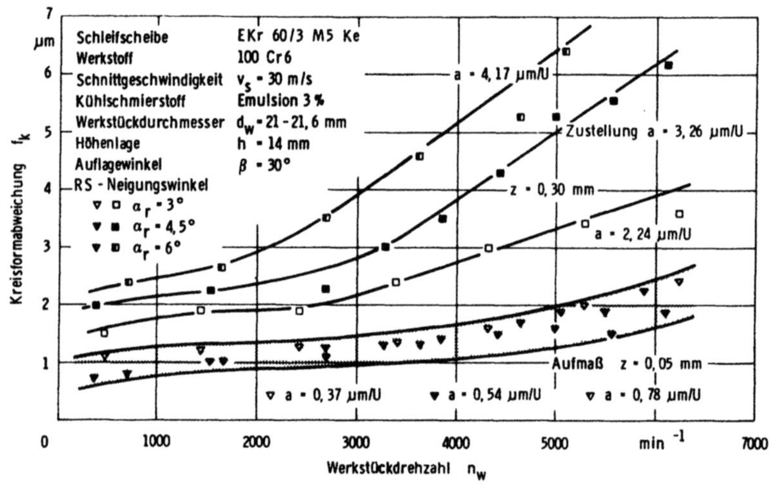

Bild 38: Kreisformabweichung in Abhängigkeit von Zustellung und Werkstückdrehzahl (d_w = 21 - 21,6 mm)

stellungen über der Werkstückdrehzahl dargestellt. Für das Schlichtaufmaß z = 0,05 mm ergibt sich kein systematischer Zusammenhang von Zustellung und Kreisformabweichung. Deshalb konnte für den hier untersuchten Werkstückdurchmesser nur ein Streubereich angegeben werden, in dem sämtliche Arbeitsergebnisse liegen. Dagegen läßt sich bei z = 0,3 mm, also unter Schruppbedingungen, eine klare Abhängigkeit zwischen Rundheit und Zustellbetrag pro Umdrehung erkennen.

Während sich der Streubereich für die Zustellungen a = 0,37 bis 0,78 µm/U zu größeren Drehzahlen hin nur langsam zu einem höheren Niveau verschiebt und eine kritische Drehzahl erst bei n_w = 4000 min^{-1} vorliegt, darf bei den übrigen Zustellungen ein Grenzwert von n_w = 2500 min^{-1} nicht überschritten werden. Die bereits oben beschriebene und begründete Verschlechterung des Arbeitsergebnisses macht sich durch einen Knick im Kurvenverlauf bemerkbar. In Abhängigkeit des Zustellbetrages stellt sich ein mehr oder weniger steiler allerdings in jedem Fall linearer Anstieg der Kreisformabweichung über der Drehzahl ein.

Weitere Untersuchungen des Einflusses von Vorschubgeschwindigkeit und Werkstückdrehzahl auf die Rundheit wurden bei dem Werkstückdurchmesser d_w = 16 mm vorgenommen. Aufgrund der bei diesen Versuchen auftretenden großen Überschliffzahlen konnten auch bei einer Variation des Aufmaßes über Fertig- zu Vorschliffbedingungen nur geringe Zustellbeträge erreicht werden (a = 0,19 bis 1,79 µm/U). In Bild 39 sind die Ergebnisse über der Drehzahl aufgetragen. Trotz der kleinen Zustellungen können hier im Gegensatz zu Bild 38 klare Zuordnungen nachgewiesen werden. Das jeweilige Niveau einer Kurve ordnet sich je nach Größe der Zustellung in das Gesamtbild ein, so daß ein Streubereich nicht zu verzeichnen ist. Der Verlauf der Kurvenschar zeigt zu höheren Drehzahlen hin einen langsamen und stetigen Anstieg, der sich mit dem des Streubereichs in Bild 38 vergleichen läßt. Ein Knick und damit eine stark zunehmende Verschlechterung der Kreisformabweichung kann nicht beobachtet werden. Daher ist auch hier die Grenzdrehzahl für die Zustellungen bis a = 0,75 µm/U bei n_w = 4000 min^{-1} anzusetzen, während sie bei den beiden übrigen Zustellbeträgen etwa n_w = 3000 min^{-1} betragen dürfte.

Aus den oben aufgeführten Versuchsergebnissen kann somit auf zwei Grenzen der Leistungssteigerung geschlossen werden, deren Überschreiten zu

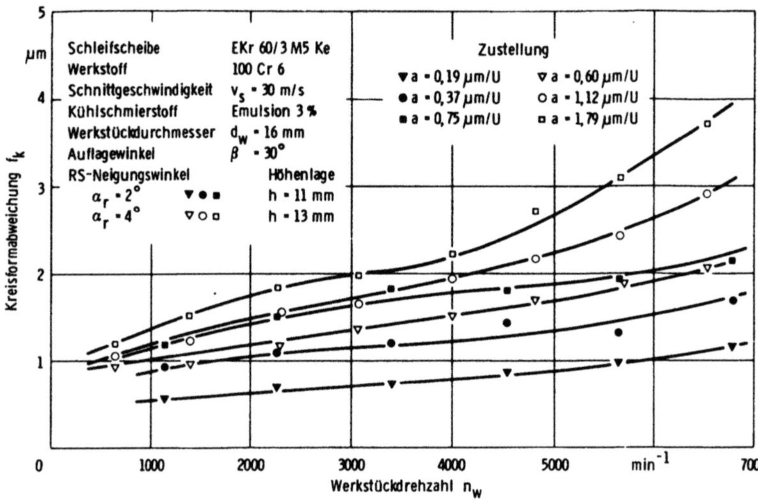

Bild 39: Kreisformabweichung in Abhängigkeit von Zustellung und Werkstückdrehzahl (d_w = 16 mm)

einer unverhältnismäßigen Verschlechterung des Arbeitsergebnisses führt:

- Einerseits sind dies die auftretenden Schnittkräfte, für die als Kenngröße das Zeitspanungsvolumen mit den wesentlichen Bestimmungsgrößen Aufmaß und Vorschubgeschwindigkeit heranzuziehen ist.

- Andererseits ist es die Werkstückdrehzahl, durch die infolge von Massenkräften und Reibungsproblemen an der Auflageschiene eine instationäre Werkstückbewegung hervorgerufen werden kann. Hier besteht jedoch die Möglichkeit durch die Wahl größerer RS-Neigungswinkel bei gleicher Werkstückdrehzahl höhere Zeitspanungsvolumina zu erreichen.

- Zusätzlich ist anzumerken, daß unabhängig davon, ob diese durch ein großes Aufmaß oder eine höhere Vorschubgeschwindigkeit erzeugt werden, die Erhöhung des Zeitspanungsvolumens immer mit einer Verschlechterung der Rundheit erkauft werden muß.

6.1.4 Einfluß des bezogenen Zeitspanungsvolumen

Zur Beurteilung der erreichbaren Produktivität und Abtragsgeschwindigkeit ist in Bild 40 die Kreisformabweichung über dem bezogenen Zeitspa-

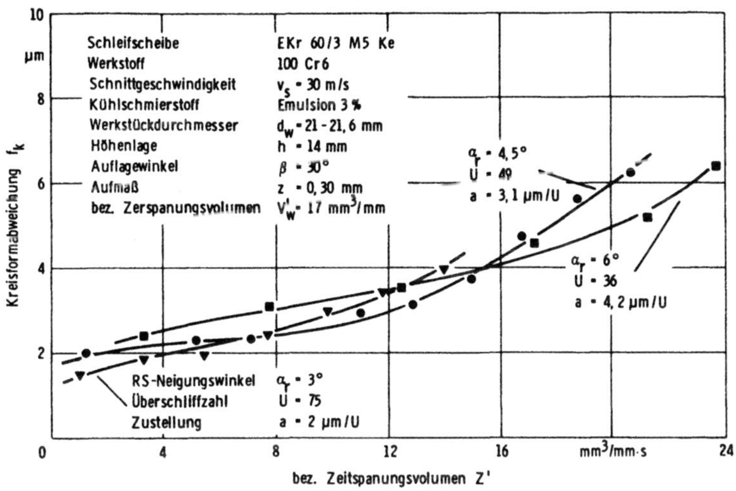

Bild 40: Kreisformabweichung in Abhängigkeit des bez. Zeitspanungsvolumens unter Vorschliffbedingungen

nungsvolumen für das Vorschliffaufmaß von z = 0, 3 mm sowie für alle untersuchten RS-Neigungswinkel aufgetragen. Ein entsprechender Zusammenhang ergäbe sich auch dann, wenn f_k über dem Zeitspanungsvolumen Z dargestellt würde. Die einzelnen Kurvenverläufe für jeden Regelscheibenneigungswinkel entsprechen für sich betrachtet denen der Bilder 36 und 37. Der hier vorgestellte Zusammenhang wurde bereits von Hönscheid / 3 / und Meis / 4 / nachgewiesen und ist lediglich der Vollständigkeit wegen nochmals aufgezeigt.

Wie bereits beschrieben, wird die erreichbare Werkstückrundheit mit zunehmendem Z' schlechter, was aufgrund der dargelegten Zusammenhänge auch erklärlich ist. Zu beachten ist hier vielmehr die Tatsache, daß dieser Vorgang durch die Wahl des bestgeeigneten Neigungswinkels noch optimiert werden kann. Hierbei sind in Abhängigkeit von α_r die Bereiche der in Bild 40 dargestellten Kurvenzüge so auszunutzen, daß der geringste Anstieg der Kreisformabweichung in einem bestimmten Z' -Bereich entsteht. Dieser Anstieg wird dabei auf den Minimalwert begrenzt, der aufgrund der jeweils prozeßbedingt vorliegenden Kenngrößen, wie Überschliffzahl und Zustellung und die mit Erhöhung des bez. Zeitspanungsvolumens ansteigenden Schnittkräfte nicht weiter unterschritten werden kann.

Ein qualitativ ähnlicher Verlauf ergibt sich, wenn der Aufmaßbetrag so variiert wird, daß Fertigschliffbedingungen vorliegen (Bild 41). Kleinere

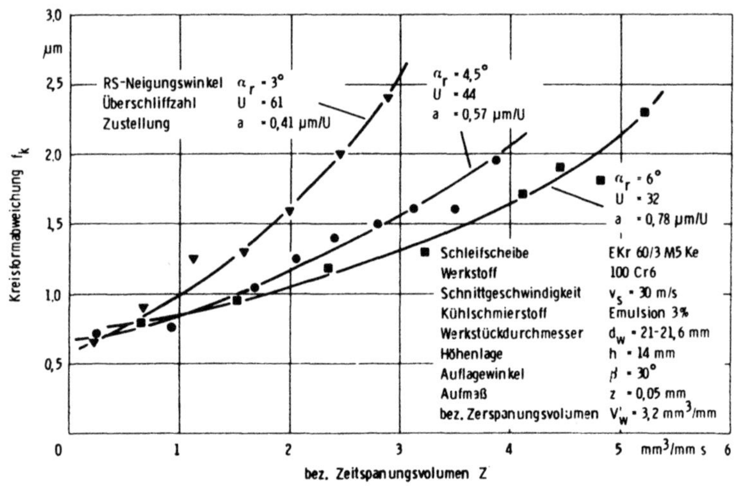

Bild 41: Kreisformabweichung in Abhängigkeit des bez. Zeitspanungsvolumens unter Fertigschliffbedingungen

Beträge der Zustellung führen zu einem besseren Arbeitsergebnis. Allerdings kann dies auch nur in einem entsprechend reduzierten Bereich der bez. Zeitspanungsvolumina genutzt werden. Anzumerken ist außerdem, daß hier die ausgeprägten Z' -Bereiche, in denen die Kreisformabweichung für einen bestimmten Neigungswinkel α_r Minimalwerte annimmt, fehlen. Bereits bei Z' = 0,5 mm^3/mms ist für $\alpha_r = 3^o$ der Einfluß der Vorschubgeschwindigkeit so groß, daß trotz größerer Zustellung mit einer Neigung von $\alpha_r = 4,5^o$ bessere Ergebnisse erzielt werden. Ab Z' = 1,5 mm^3/mms ist dann die beste Rundheit bei einer Einstellung des Winkels auf $\alpha_r = 6^o$ zu erreichen.

Um die Beeinflussung der Kreisformabweichung durch die Vorschub- bzw. Werkstückgeschwindigkeit und die Zustellung übersichtlicher quantifizieren zu können, wurden bei Versuchen die beiden oben genannten Prozeßkenngrößen so aufeinander abgestimmt, daß sich jeweils konstante bezogene Zeitspanungsvolumina ergaben. Die dabei erzielten Ergebnisse sind im oberen Teil des Bildes 42 aufgetragen. Als Abzisse des Diagramms wurde die Zustellung gewählt. So konnte eine Trennung zwischen Vorschubgeschwindigkeit und Zustellung vorgenommen werden. Die in Bild 8 hergeleitete Beziehung

$$Z' = \frac{Z}{b_{seff}} \qquad (22)$$

kann umgeformt werden zu

$$Z' = a \cdot v_w \, \frac{l}{l_w} \qquad (23)$$

Gl. (23) kann so entnommen werden, daß Z' bei Änderung der Zustellung nur konstant bleibt, wenn die Werkstückgeschwindigkeit (bzw. v_t) in dem Maße zunimmt, in dem der Zustellbetrag verringert wird. Anhand dieser Voraussetzung ist auch der vorliegende Kurvenverlauf zu begründen.

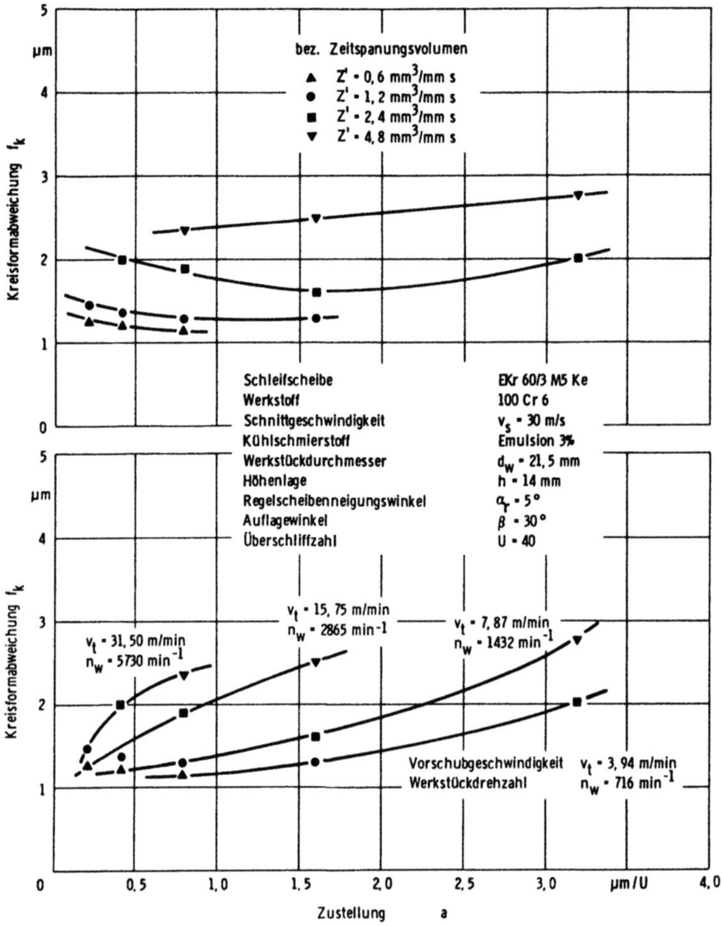

Bild 42: Kreisformabweichung in Abhängigkeit der Zustellung für verschiedene bez. Zeitspanungsvolumina und Vorschubgeschwindigkeiten

Für geringe Z'-Werte (bis Z' = 1,2 mm^3/mms) nimmt das Niveau der Kurve trotz Erhöhung der Zustellung ab. Zurückzuführen ist dies auf die Verringerung der Geschwindigkeit von v_t = 31 auf 4 m/min, die demzufolge den dominierenden Einfluß auf die Kreisformabweichung hat. Bei

$Z' = 2,4\ mm^3/mms$ ergibt sich für a = 1, 6 µm/U und v_t = 8 m/min ein Optimum im Kurvenverlauf. Im Bereich dieser minimal erreichbaren Werkstückrundheit muß ein Gleichgewicht zwischen den beiden Einflußgrößen erreicht sein. Es ist dann im weiteren wieder ein Anstieg der Kreisformabweichung zu verzeichnen, der durch die nun sehr großen Zustellbeträge bedingt ist. Der Kurvenzug für $Z' = 4,8\ mm^3/mms$ weist keinen optimalen Wert auf, vielmehr nimmt die Kreisformabweichung langsam und stetig zu größerer Zustellung hin ebenfalls zu. Hier scheint bereits der Bereich erreicht, in dem die Rundheit durch das große Aufmaß bestimmt wird.

Im unteren Teil des Bildes sind diejenigen Versuchspunkte miteinander verbunden, für die die eingestellte Vorschubgeschwindigkeit konstant war. Im Gegensatz zum oberen Bildteil ist hier kein Optimum zu erkennen, statt dessen liegt für großes v_t ein mehr degressiver und bei geringeren Geschwindigkeiten ein progressiver Kurvenverlauf vor.

Als Zusammenfassung der in diesem Abschnitt vorgestellten praktischen Untersuchungen kann folgendes festgehalten werden:

- Es ist zum einen möglich bei vorgegebenen kinematischen Bedingungen sowie einem bestimmten Aufmaß den RS-Neigungswinkel α_r so festzulegen, daß die Kreisformabweichung in Abhängigkeit von Z' einen Minimalwert erreicht.
- Ein weiterer Zusammenhang liegt in der gegenseitigen Anpassung von Zustellung und Vorschubgeschwindigkeit bei konstantem bez. Zeitspanungsvolumen. Hierbei kann die entsprechende Abstimmung der Stellwerte α_r, b_{seff} und n_r so getroffen werden, daß die Rundheit minimal wird.

6.2 Einfluß der Schleifbedingungen auf die Oberflächengüte

Neben der Kreisformabweichung ist das zweite wichtige Qualitätsmerkmal die Oberflächenbeschaffenheit der Werkstücke nach dem Schleifen. Dieses Kriterium besitzt im Gegensatz zur Kreisformabweichung keine für das spitzenlose Durchlaufschleifen typische Gesetzmäßigkeiten und kann durch Einhalten allgemeiner schleiftechnologischer Regeln beherrscht werden.

Da zu einer vollständigen funktionalen Prozeßbeschreibung auch die Erfassung der Oberflächengüte gehört, wurden experimentelle Untersuchungen der Rauheitsänderung in Abhängigkeit der Stell- und Kenngrößen des Prozesses vorgenommen. Als Maß für die Oberflächengüte wurde, wie bereits weiter vorne angemerkt, der Mittenrauhwert R_a gewählt.

In den nachfolgend vorgestellten Untersuchungsergebnissen ist zunächst der Einfluß des abgeschliffenen Werkstoffvolumens bei unterschiedlichen Vorschubgeschwindigkeiten auf die Rauheit beschrieben. Später wird dann die Änderung von R_a bei gesteigerter Vorschubgeschwindigkeit untersucht. Für alle Versuche gelten in etwa die gleichen Abrichtbedingungen, für die in Abhängigkeit von Körnung und Abrichtwerkzeug soweit wie möglich optimale Werte eingestellt wurden.

6.2.1 Einfluß des bezogenen Zerspanungsvolumens

Während die Standzeit der Schleifscheibe unter Schruppbedingungen in erster Linie vom Verschleiß begrenzt wird, ist beim Fertigschliff mit einer Begrenzung durch Überschreiten des geforderten Toleranzbereiches für Rundheit und/oder Oberflächengüte zu rechnen. Eine der Schleifscheibenstandzeit weitgehend proportionale Kenngröße ist das auf die wirksame Schleifbreite bezogene abgeschliffene Werkstoffvolumen V'_w. Es erscheint sinnvoll die Änderung des Mittenrauhwertes R_a über V'_w aufzutragen, um so den Einfluß der Schleifscheibentopographie, der sich ja direkt auf das

Arbeitsergebnis überträgt, darstellen zu können. Daraus läßt sich später der Zeitpunkt bestimmen, an dem der Schleifprozeß unterbrochen und erneut abgerichtet werden muß. Es wurde ohne Ausfunkzone geschliffen, um die Wirkung unterschiedlicher Schleifspaltkonizitäten erfassen zu können. Das Fehlen des Ausfunkvorgangs verursacht so Rauheiten, die größer als üblich sind. Die Vergleichbarkeit der Diagramme untereinander wird allerdings dadurch nicht beeinträchtigt.

<u>Bild 43</u> gibt die Verhältnisse für einen RS-Neigungswinkel $\alpha_r = 2^o$ und einer Vorschubgeschwindigkeit von $v_t = 2$ m/min wieder. Wie zu erwarten

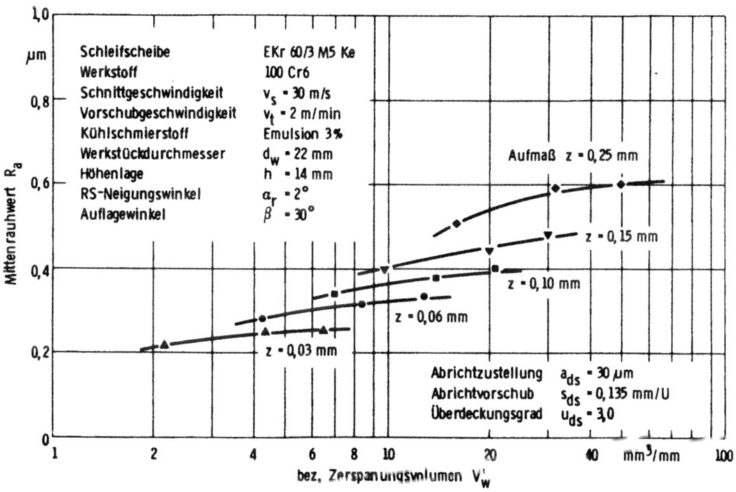

<u>Bild 43:</u> Mittenrauhwert in Abhängigkeit des bezogenen Zerspanungsvolumens

war, verschieben sich die Kurven in Richtung größerer Rauheiten, wenn das Aufmaß erhöht wird. Für den Kurvenverlauf selbst ist ein langsamer Anstieg bei zunehmendem bez. Zerspanungsvolumen V'_w zu verzeichnen, der allerdings wieder abflacht und in einen stationären Zustand übergeht.

Der Zustand der Schleifscheibe hat sich dann auf die, durch die gegebenen Schleifbedingungen resultierende Belastung eingestellt. In der Praxis würde sich diese Grenze erst dann bemerkbar machen, wenn die Ausfunkzone aufgrund des Scheibenverschleißes nicht mehr vorhanden wäre. Zu diesem Zeitpunkt läge der schlechteste Wert für R_a vor, so daß das Standzeitende nun vorläge.

Die Ergebnisse bei einem anderen RS-Neigungswinkel (α_r = 4, 5°) zeigt das Bild 44. Wie bereits mehrfach beschrieben, wird die Werkstückdreh-

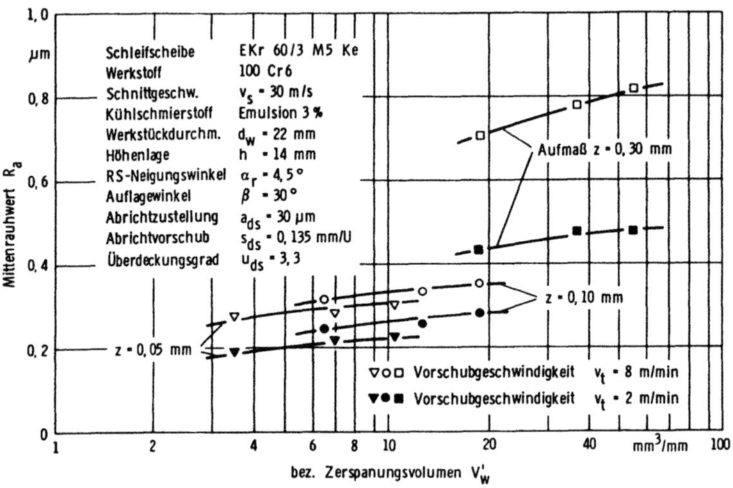

Bild 44: Einfluß des bez. Zerspanungsvolumens und unterschiedlicher Vorschubgeschwindigkeiten auf den Mittenrauhwert

zahl bei konstanter Vorschubgeschwindigkeit (hier v_t = 2 m/min) und größerem α_r kleiner. Diese Tatsache begründet, daß R_a durch eine Erhöhung der Regelscheibenneigung verbessert wird, was ein Vergleich mit den vorangegangenen Versuchen zeigt und schon von Schreitmüller / 2 / nachgewiesen wurde. Darüberhinaus ist noch der Einfluß einer größeren

Vorschubgeschwindigkeit bedingt durch eine Regelscheibendrehzahlerhöhung auf das Arbeitsergebnis aufgezeichnet. Es ist zu erkennen, daß sich der Mittenrauhwert aufgrund der nun 4-mal so großen Drehzahl bei kleinen Aufmaßbeträgen (z = 0,05 und 0,1 mm) nur geringfügig verschlechtert, während R_a unter Vorschliffbedingungen etwa den doppelten Wert annimmt. Um zu zeigen, daß neben dem Aufmaß (der Zustellung) nur noch die Kenngröße n_w das Arbeitsergebnis beeinflußt, sind in Bild 45 die Kur-

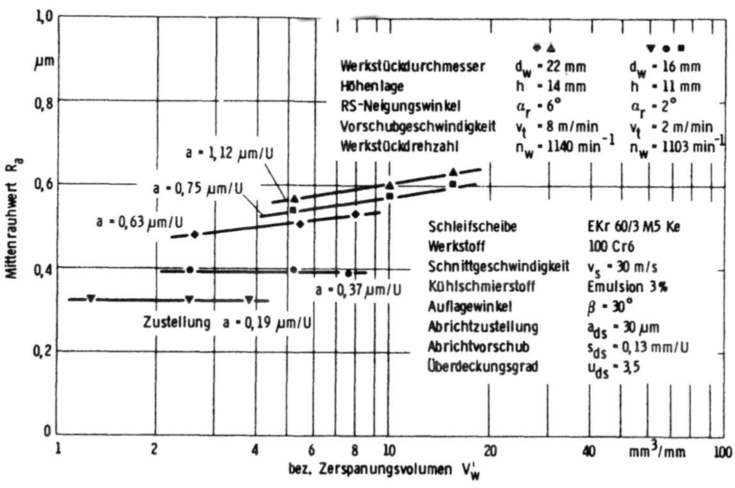

Bild 45: Einfluß des bez. Zerspanungsvolumens auf den Mittenrauhwert bei unterschiedlichen Versuchsbedingungen aber konstanter Werkstückdrehzahl

venverläufe von R_a über V'_w bei unterschiedlichen Versuchsbedingungen aber konstanter Werkstückdrehzahl aufgetragen. Vergleichbar sind so die Ergebnisse eines Versuches mit d_w = 22 mm, α_r = 6° und v_t = 8 m/min mit denen bei d_w = 16 mm, α_r = 2° und v_t = 2 m/min. Die jeweils resultierenden Drehzahlen liegen im Bereich von n_w = 1100 - 1150 min^{-1}. Aufgrund der unterschiedlichen Überschliffzahlen sind im Diagramm statt der Aufmaße die Zustellungen pro Umdrehung angegeben (siehe Zusammenhang a, z, U in Bild 8). Während bei kleinen Zustellbeträgen schon von Beginn an keine Änderung des Mittenrauhwertes festzustellen ist, steigen die Kurven für größere Zustellwerte stetig an. Ein Übergang in den, bei anderen Versuchen (Bild 43, 44) beobachteten Sättigungsbereich, ist allerdings hier noch nicht zu erkennen.

Die wichtigsten Ergebnisse sind im nachfolgenden nun zusammengefaßt:

- Die Oberflächenbeschaffenheit als das zweite wichtige Qualitätsmerkmal des Schleifprozesses ist hinsichtlich der geometrischen Stellgrößen abhängig von der effektiven Schleifbreite und vom Aufmaßbetrag bzw. der sich aufgrund des eingestellten Neigungswinkels ergebenden Zustellung. Ebenso hat die Regelscheibendrehzahl als kinematische Stellgröße, die zusammen mit dem RS-Neigungswinkel die hier betrachteten Kenngrößen Werkstückdrehzahl und Vorschubgeschwindigkeit bestimmt, maßgeblichen Einfluß auf die Oberflächengüte.
- Da der Mittenrauhwert bei geringeren Werkstückdrehzahlen bessere Werte annimmt, sind große Neigungswinkel α_r zu bevorzugen. Jedoch haben die dabei entstehenden kleineren Überschliffzahlen zur Folge, daß der Zustellbetrag vergrößert und die Oberfläche wieder schlechter wird. Es muß daher im Hinblick auf die Wahl der Stellgrößen stets ein Kompromiß gefunden werden.
- In Abhängigkeit vom zerspanten Werkstückvolumen steigt der R_a-Wert langsam bis zum Erreichen eines stationären Zustandes an.

6.2.2 Einfluß von Vorschubgeschwindigkeit und Werkstückdrehzahl

Die experimentellen Untersuchungen zur Erfassung der Werkstückoberflächenbeeinflussung aufgrund unterschiedlicher kinematischer Bedingungen wurden bei Variation des RS-Neigungswinkels, des Aufmaßes und der Vorschubgeschwindigkeit vorgenommen.

Für einen Werkstückdurchmesser d_w = 16 mm und eine Regelscheibenneigung von $\alpha_r = 2^o$ sind die Ergebnisse in Bild 46 aufgetragen. Der qualita-

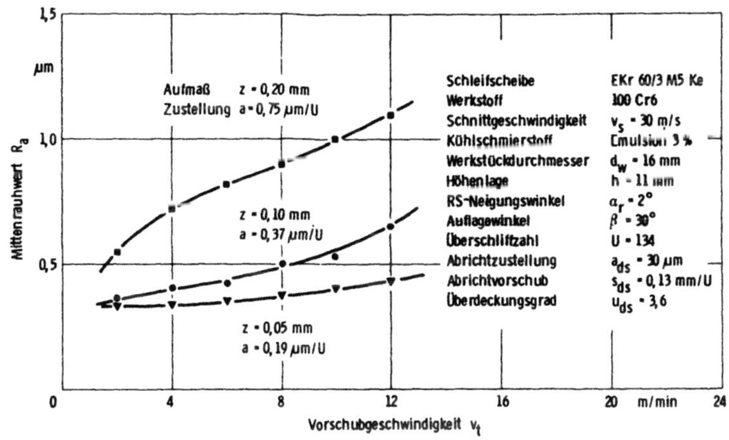

Bild 46: Einfluß der Vorschubgeschwindigkeit auf den Mittenrauhwert (d_w = 16 mm ; $\alpha_r = 2^o$)

tive Verlauf entspricht dem der Kreisformabweichung. So ist auch hier eine Verschlechterung der Oberflächenbeschaffenheit bei Erhöhung der Vorschubgeschwindigkeit zu verzeichnen. Diese Tatsache läßt sich darauf zurückführen, daß sowohl mit größerer Zustellung pro Werkstückumdrehung als auch mit größerer Werkstückgeschwindigkeit die Spanungsdicke zunimmt. Unter diesem Gesichtspunkt sind, wie schon bei der Kreisformabweichung, große Neigungswinkel von Vorteil, da sie bei konstantem v_t geringere Werkstückdrehzahlen mit sich bringen. Bild 47 zeigt den Verlauf des Mittenrauhwertes für d_w = 21,5 mm und $\alpha_r = 6^o$ als Funktion der Vorschubgeschwindigkeit; bei einem v_t = 12 m/min werden Geschwindigkeitsverhältnisse von ca. q = 15 erreicht. Für die in Bild 46 gegebenen Versuchsbedingungen liegen dagegen bei gleichem v_t bereits Geschwindigkeits-

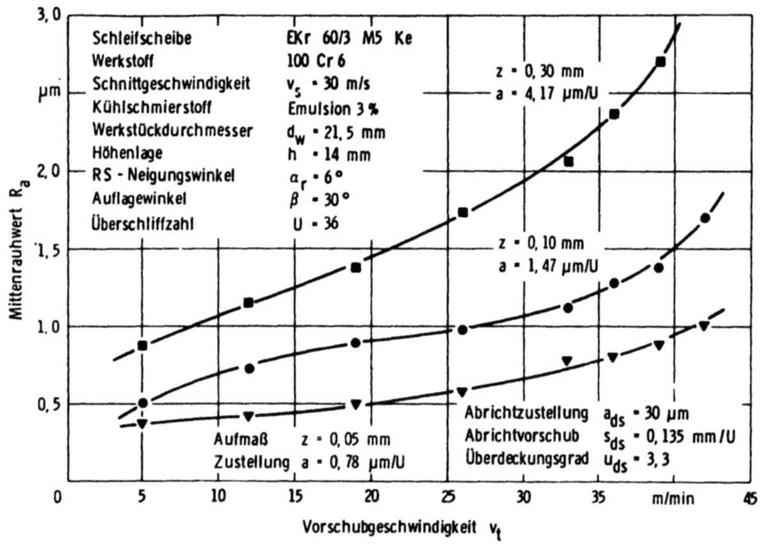

Bild 47: Einfluß der Vorschubgeschwindigkeit auf den Mittenrauhwert (d_w = 22 mm ; α_r = 6°)

verhältnisse um q = 4 vor. Es ist somit verständlich, daß hier der bei einer Zustellung von a = 0,75 µm/U erzielte Mittenrauhwert mit $R_a > 1$ µm schlechter sein muß als der bei größerem Neigungswinkel, gleicher Durchlaufgeschwindigkeit und vergleichbarer Zustellung (Bild 47).

Ein weiterer Vorteil großer Neigungswinkel liegt darin, daß der Schleifprozeß insgesamt bei höheren Vorschubgeschwindigkeiten arbeiten kann. So kann im vorliegenden Beispiel die Durchlaufgeschwindigkeit und damit die Hauptzeit um das 3,5-fache erhöht werden, ohne eine wesentlich schlechtere Oberfläche zu erzeugen, wie eine Gegenüberstellung der bei gleicher Zustellung (a = 0,75 µm/U) erzielten Ergebnisse zeigt. Es konnte jedoch aufgrund der geringeren Überschliffzahlen bei α_r = 6° nur ein dem Fertigschliff entsprechendes Aufmaß eingestellt, dagegen im anderen Falle (Bild 46) unter Schruppbedingungen geschliffen werden.

In Bild 48 sind zu den bereits vorgestellten Versuchsergebnissen aus Bild 47 weitere über der Werkstückdrehzahl aufgezeichnet, so daß ein Vergleich der unterschiedlichen Einstellungen ($\alpha_r = 4,5^o$ bzw. 6°) vorgenommen werden kann.

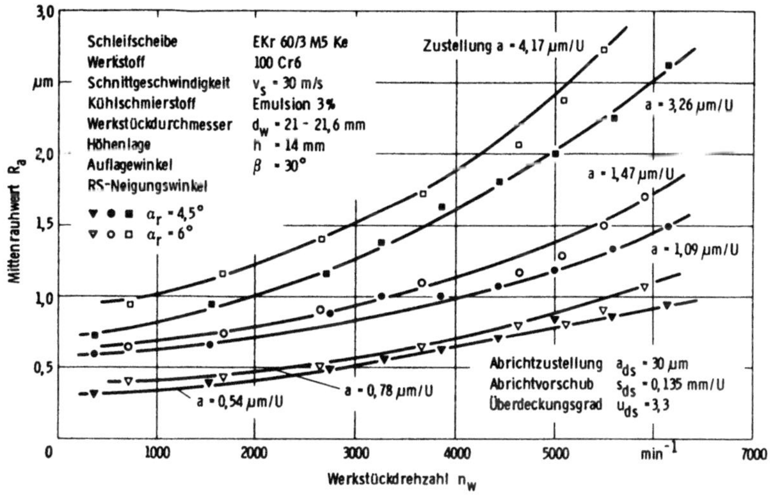

Bild 48: Mittenrauhwert in Abhängigkeit von Zustellung und Werkstückdrehzahl (d_w = 21 - 21,6 mm)

Die einzelnen Kurvenverläufe ordnen sich dabei in Abhängigkeit des Zustellbetrages in das Gesamtbild ein. Im Gegensatz zur Kreisformabweichung ist aber hier bei sehr großen Zustellungen ein gleichmäßiger und kontinuierlicher Anstieg des Mittenrauhwertes zu erkennen. Eine kritische Drehzahl und davon abhängig eine maximale Vorschubgeschwindigkeit läßt sich somit nur im Zusammenhang mit der gewünschten Oberflächengüte angeben. Als Folgerungen lassen sich aus den oben vorgestellten Schleifversuchen kaum andere Hinweise als die des Abschnittes 6.2.1 ableiten:

- Die das Arbeitsergebnis beeinflussenden Stellgrößen sind
  - die effektive Schleifbreite b_{seff}
  - das Aufmaß z
  - der Neigungswinkel α_r und
  - die Regelscheibendrehzahl n_r.
- Hinsichtlich des Zusammenwirkens dieser Stellgrößen ist für den einzelnen Bearbeitungsfall eine Abstimmung vorzunehmen, um so eine Oberflächenbeschaffenheit im geforderten Zielwertebereich zu erhalten.
- Der Anstieg des Mittenrauhwertes über der Werkstückdrehzahl erfolgt auch bei großen Zustellbeträgen gleichmäßig und nicht wie bei der Kreisformabweichung ab einer bestimmten Drehzahl mit einem stärkeren Anstieg. Daher legt die geforderte Oberflächengüte die obere Drehzahl der Regelscheibe fest.

6.2.3 Einfluß des bezogenen Zeitspanungsvolumens

Wie die Kreisformabweichung wird auch die Oberflächenbeschaffenheit durch das bez. Zeitspanungsvolumen Z' beeinflußt. Bei den im folgenden dargestellten Versuchen sind die Änderungen von Z' durch die Variation der Aufmaßbeträge und unterschiedliche Vorschubgeschwindigkeiten vorgenommen worden. So konnte ein Teil der Ergebnisse aus Kapitel 6.2.2 durch Berechnen der jeweils vorliegenden Z' -Werte übernommen werden. Der so entstandene Kurvenverlauf, ist in Bild 49 für zwei verschiedene Aufmaße und die Neigungswinkel $\alpha_r = 4,5^o$ sowie 6° dargestellt.

Für den geringen Aufmaßbetrag z = 0,1 mm ist ein rascher Anstieg der Rauheit zu verzeichnen. Bedingt wird dies durch den Einfluß der Vorschubgeschwindigkeit, der stärker wiegt als derjenige der Zustellung pro Umdrehung. Daher werden auch die Kurvenverläufe der unter Schruppbedingungen (z = 0,3 mm) ermittelten Mittenrauhwerte geschnitten. Dies geschieht bereits bei relativ geringen Z' -Werten (Z' = 3 bzw. 5 mm^3/mms),

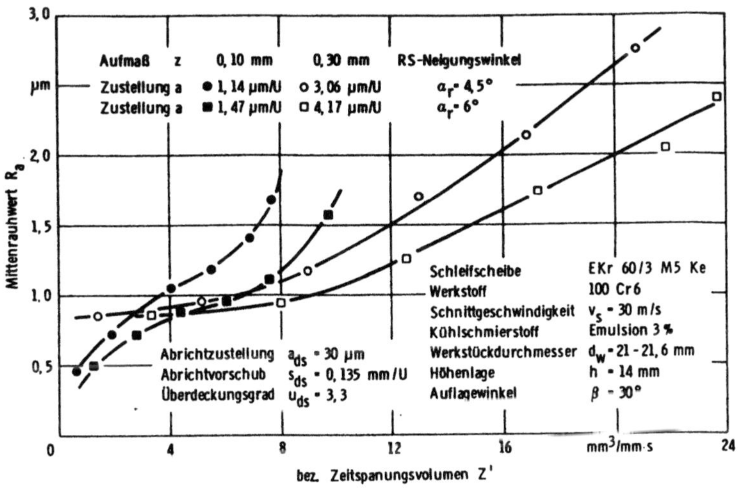

Bild 49: Zusammenhang zwischen Mittenrauhwert und bez. Zeitspanungsvolumen bei verschiedenen Aufmaßbeträgen und RS-Neigungswinkeln

da die Kurven für z = 0, 3 mm am Anfang nur sehr langsam zunehmen (bis Z' = 8 mm^3/mms) und erst dann in einen kontinuierlichen Anstieg übergehen. Allerdings liegen ihre Werte ab dem oben erwähnten Schnittpunkt stets günstiger als die der beim Fertigschliff erzielten Ergebnisse.

Vergleicht man die Kurvenpaare miteinander, so ist zu erkennen, daß der Verlauf für den größeren Neigungswinkel, nämlich α_r = 6°, stets besser ist. Dies gilt, obwohl für beide Aufmaße eine größere Zustellung, bedingt durch die geringeren Überschliffzahlen vorliegt. Die Erklärung ist auch hier wieder in der Werkstückdrehzahl bzw. der Werkstückgeschwindigkeit zu suchen, die im Gegensatz zur Zustellung einen größeren Einfluß auf das Arbeitsergebnis hat. So gilt bei Z' ≈ 6 mm^3/mms und z = 0, 1 mm für α_r = 6° ein v_w = 250 m/min, dagegen beträgt die Geschwindigkeit bei α_r = 4, 5° bereits v_w = 320 m/min.

Einen anderen Verlauf zeigt Bild 50. Hier entstehen, ähnlich wie bei der Kreisformabweichung (Bild 40), Bereiche für das bez. Zeitspanungsvolu-

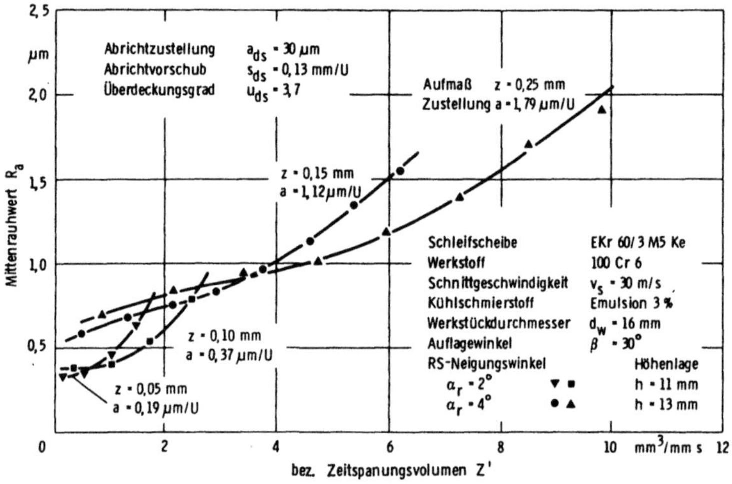

Bild 50: Mittenrauhwert in Abhängigkeit des bez. Zeitspanungsvolumens bei Variation von Aufmaß und RS-Neigungswinkel

men, in denen in Abhängigkeit einer bestimmten Zustellung die bestmögliche Oberflächenqualität erreicht wird. Die hier dargestellten Versuchsergebnisse sind für zwei Neigungswinkel und insgesamt vier verschiedene Aufmaßbeträge durchgeführt worden. Die bereits in Bild 49 ersichtliche Überschneidung der Kurven für unterschiedliche Zustellungen bei dem gleichen Neigungswinkel α_r ist auch hier wiederzufinden.

Da die Aufmaße von Fertig- zu Vorschliffbedingungen variiert wurden, liegen bei den kleineren Z' -Beträgen und somit auch Zustellungen wesentlich bessere Arbeitsergebnisse vor.

Zur Trennung der das bez. Zeitspanungsvolumen bestimmenden Größen Zustellung und Werkstückgeschwindigkeit bzw. Vorschubgeschwindigkeit sind bei Schleifversuchen die oben genannten Kenngrößen gegenläufig so verändert worden, daß ihr Produkt und damit Z' nach Gleichung 23 konstant blieb (Bild 51 oberes Diagramm). Erwartungsgemäß verschiebt

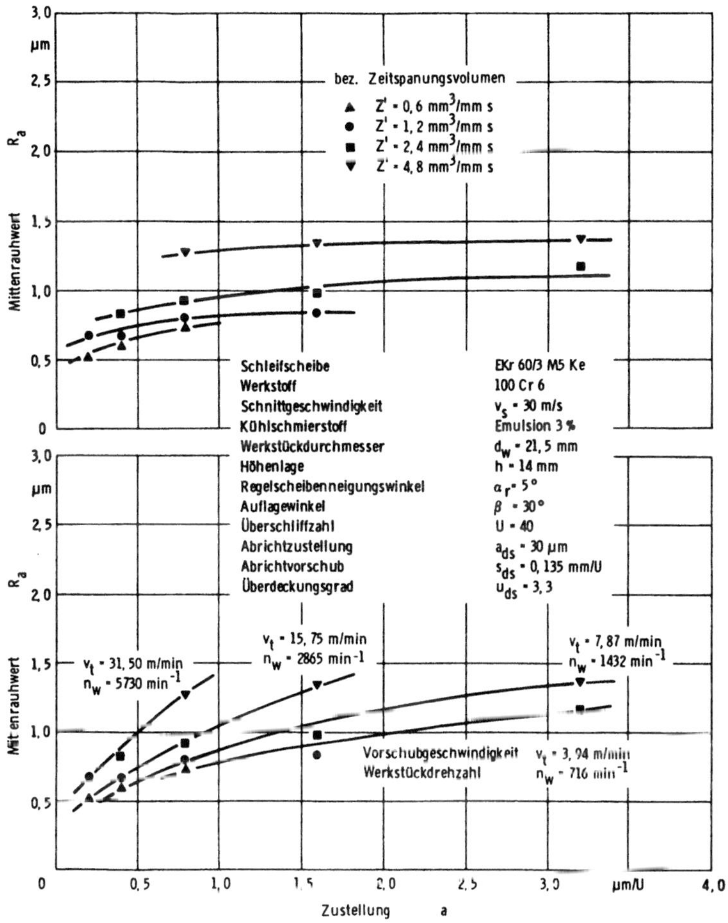

Bild 51: Mittenrauhwert in Abhängigkeit der Zustellung für verschiedene bez. Zeitspanungsvolumina und Vorschubgeschwindigkeiten

sich das Kurvenniveau bei Erhöhung von Z' zu schlechteren Rauheiten. Interessant ist die Tatsache, daß ab einer Zustellung von a = 1 μm/U nur noch eine sehr geringfügige Beeinflussung der Oberfläche stattfindet. Bei kleineren Zustellbeträgen gilt, daß die meisten Schneiden die Schnitteinsatztiefe nicht mehr erreichen / 20 /. Statt dessen dominiert die Werkstoffverdrängung und führt zu einer Glättung und damit guten Oberfläche der Werkstücke. Bei größeren Zustellungen wird dagegen der Anteil der plastischen Werkstoffverdrängung kleiner / 7, 19 /. In Abhängigkeit von Z' wird von einem bestimmten Zustellbetrag an die Schnitteinsatztiefe sofort beim Schneideneingriff erreicht. Die Schneiden können so weitgehend ungestört den Werkstoff über ihrer gesamten Eingriffslänge zerspanen und erzeugen aufgrund den dabei zurückgelegten Bahnkurven (siehe Kapitel 3. 1) eine rauhere Oberfläche. Allerdings nimmt diese Rauheit dann ab der oben erwähnten Zustellung einen konstanten Wert an, wie das Bild 51 zeigt.

Im unteren Diagrammteil sind die Versuchsergebnisse miteinander verbunden, bei denen gleiche Vorschubgeschwindigkeit bzw. Werkstückdrehzahlen vorlagen. Es ist zu erkennen, daß alle Kurvenverläufe bei a = 0 etwa die gleiche Grundrauheit von $R_a \approx 0,3$ μm haben. Bei großen Vorschubgeschwindigkeiten ist dann ein sehr steiler Anstieg zu schlechteren Arbeitsergebnissen zu beobachten. So hat zum Beispiel eine Vorschubgeschwindigkeit von v_t = 7, 9 m/min bei einer Zustellung a = 3, 2 μm/U etwa den gleichen Mittenrauhwert wie v_t = 31, 5 m/min und a = 0, 8 μm/U.

Als die wichtigsten Aussagen dieses Abschnittes sind hier neben den bereits aus den vorherigen Kapiteln bekannten Zusammenhängen zwei hervorzuheben:

- Es kann bei vorgegebenen kinematischen Bedingungen sowie einem bestimmten RS-Neigungswinkel das Aufmaß und damit die Zustellung pro Werkstückumdrehung in Abhängigkeit von Z' so festgelegt werden, daß die Rauheit einen Minimalwert annimmt. Anzumerken ist außerdem, daß die Oberfläche bei größerem Neigungswinkel der Regelscheibe besser wird, wenn konstantes Z' und gleicher Aufmaßbetrag vorliegen.

- Zum zweiten, ist die ab einer bestimmten Zustellung nur noch geringfügige Beeinflussung der Werkstückrauheit zu erwähnen. Der Oberflächenkennwert verschlechtert sich dann nicht weiter, sondern bleibt in etwa konstant. Voraussetzung dafür ist eine Erhöhung der Zustellung bei gleichzeitig gegenläufiger Änderung von v_w, ohne daß dabei eine Veränderung des bez. Zeitspanungsvolumens vorgenommen wird. Wie weitere Schleifversuche zeigen, wird das Erreichen des Bereichs, in dem eine gleichbleibende Werkstückoberflächenbeschaffenheit zu beobachten ist, mit kleineren Neigungswinkeln zu größeren Zustellbeträgen verschoben.

7. Kostenanalyse des spitzenlosen Durchlaufschleifens

Eine wichtige Grundlage für die Preiskalkulation des Produktes ist die Kenntnis der bei der Herstellung der Erzeugnisse im eigenen Betrieb anfallenden Kosten. Für verschiedene Fertigungsverfahren einschließlich des Schleifens wurden daher bereits detaillierte Kostenrechnungen aufgestellt / 21 /.

Hingegen existiert für das Schleifen im spitzenlosen Durchlaufverfahren eine Kostenanalyse bis heute nicht. Dies mag zum einen an der schon mehrfach erwähnten Sonderstellung liegen und zum anderen an der Vielzahl der Stellgrößen, deren Einfluß auf die Kosten bisher kaum erfaßt werden konnte.

So werden die in der Industrie beim spitzenlosen Schleifen anfallenden Kosten zwar detailliert erfaßt, aber nicht in eine Beziehung zu ihren Entstehungsursachen gesetzt. Es ist daher wahrscheinlich, daß spitzenlose Schleifprozesse mit höheren als den zur Erzielung eines gleichen Arbeitsergebnisses notwendigen Minimalkosten ausgeführt werden.

In den folgenden Abschnitten sollen daher alle auf das spitzenlose Schleifen bezogenen kostenwirksamen Anteile des Herstellungsprozesses in einer Kostengleichung erfaßt werden.

7.1 Herleitung der Kostengleichung

Bei der Herstellung eines Bauteils vom Halbzeug bis zum fertigen Endprodukt setzen sich die Herstellkosten aus vier verschiedenen Anteilen zusammen / 22 /:

- einmalige Vorbereitungskosten K_{Vo}
- Einzelkosten K_E

- Auftragswiederholkosten K_{Aw}
- Folgekosten K_{Fo}

Eine Aufschlüsselung der Kostenbestandteile zeigt Bild 52. Diese Vierteilung erlaubt einen Vergleich verschiedener Fertigungsverfahren zur Herstellung eines Werkstücks gleicher Funktion.

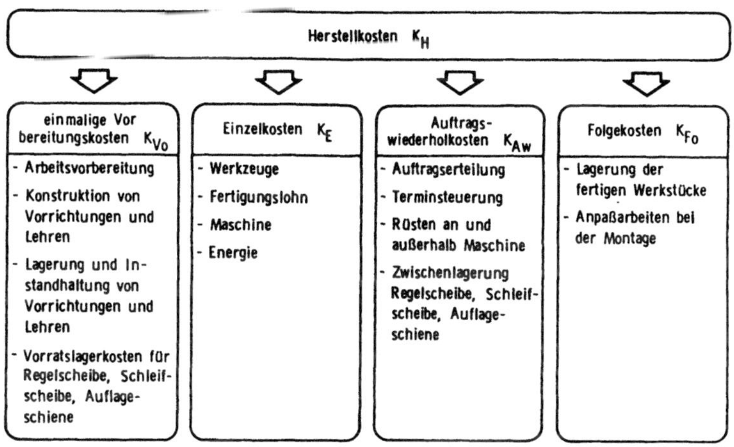

Bild 52: Aufgliederung der Herstellkosten in die Kostenanteile

Eine Verbesserung der Fertigungstechnologie erfolgt fast ausschließlich an der Maschine, so daß vor- und nachgelagerte Produktionsbereiche, bei denen die Vorbereitungs-, Auftragswiederhol- und Folgekosten anfallen, nur mit geringen Änderungen belastet sind. Daher genügt zur Ermittlung der Herstellkosten eine Analyse der Einzelkosten. Diese Einzelkosten pro Werkstück setzen sich aus einem zeitproportionalen Anteil K_{ET} und einem werkzeugkostenproportionalen Anteil K_{EW} zusammen

$$K_E = K_{ET} + K_{EW} \qquad (24)$$

7.2 Zeitproportionale Einzelkosten

Der zeitproportionale Anteil erfaßt alle am betrachteten Arbeitsplatz aus der Fertigungszeit des Werkstücks resultierenden Kosten. Dies geschieht durch Verknüpfung der Kosten einer Arbeitsstunde mit der Bearbeitungszeit pro Werkstück t_e

$$K_{ET} = K_{Ah} \cdot t_e \qquad (25)$$

Die Kosten einer Arbeitsstunde sind für jeden Arbeitsplatz im Arbeitsstundensatz K_{Ah} genau festgelegt.

7.2.1 Arbeitsstundensatz

Da spitzenlose Schleifmaschinen stets auf Bedienungspersonal angewiesen sind, müssen im Arbeitsstundensatz neben den Maschinenkosten auch die Personalkosten berücksichtigt werden. Dies geschieht durch Aufteilung in den Maschinenstundensatz K_{Mh} und den Lohnkostensatz K_{Lo}

$$K_{Ah} = K_{Mh} + K_{Lo} \qquad (26)$$

Im nachfolgenden sollen kurz die beiden Bestandteile des Arbeitsstundensatzes hergeleitet werden.

Sämtliche Kostenanteile, die eine einstündige Maschinenlaufzeit verursacht, sind im Maschinenstundensatz zusammengefaßt und auf die jährliche Nutzungszeit bezogen / 23 /. K_{Mh} ermittelt sich so zu

$$K_{Mh} = \frac{K_A + K_Z + K_P + K_I + K_R}{T_N} \qquad (27)$$

Die in dieser Gleichung aufgeführten Kosten sollen nun kurz erläutert und formelmäßig definiert werden:

- Mit Hilfe der <u>kalkulatorischen Abschreibung K_A</u> ist es möglich, die Wertminderung der Maschine auf die Erzeugnisse umzulegen. Dazu wird der Wiederbeschaffungswert W_W über der voraussichtlichen Nutzungsdauer T_{Na} abgeschrieben

$$K_A = \frac{W_W}{T_{Na}} \tag{28}$$

- Auch die <u>kalkulatorischen Zinsen K_Z</u> müssen auf die Werkstücke umgelegt werden, da die Bindung des Eigenkapitals andere Kapitalanlagen verbietet. Dies wird vereinfacht nach Gl. (29) vorgenommen

$$K_Z = \frac{1}{2} W_W \cdot f_Z \tag{29}$$

Der Faktor f_Z ist dabei identisch mit dem Zinssatz für langfristiges Fremdkapital.

- Die jährlichen <u>Energiekosten K_P</u> ermitteln sich in erster Linie aufgrund der Stromaufnahme von Schleif- und Regelscheibe während der Bearbeitung. Berücksichtigt werden muß aber auch die Leerlaufleistung und der damit verbundene Energieverbrauch z.B. während der Zeit des Abrichtens von Schleif- und Regelscheibe. Die Gesamtleistung N_{Mges} ergibt sich durch Aufsummierung der auf den Typenschildern aller Motoren angegebenen Nennleistungen. Demnach ist

$$K_P = (f_e + (1 - f_e) f_p) N_{Mges} \cdot T_N \cdot k_{kWh} \tag{30}$$

Durch den Faktor

$$f_p = \frac{t_h}{t_e} \tag{31}$$

wird sichergestellt, daß der über die Leerlaufleistung hinausgehende Leistungsanteil $(1-f_e)N_{Mges}$ nur während der Hauptzeit berücksichtigt wird.

- Zur Erfassung der jährlichen Instandhaltungskosten K_I werden in der Industrie Durchschnittswerte über mehrere Jahre ermittelt und durch einen Faktor $f_i \leqslant 1$ als Prozentsatz der jährlichen Abschreibungskosten dargestellt

$$K_I = f_i \cdot K_A \tag{32}$$

- In den Raumkosten K_R sind neben der Maschinengrundfläche alle Zusatzflächen für Nebenaggregate, Werkstückzu- bzw. -abführung und Bedienungspersonal enthalten. Pro Quadratmeter der so ermittelten Fläche wird der jährliche Mietpreis k_r berechnet

$$K_R = A_M \cdot k_r \tag{33}$$

Nachdem die Kostenanteile des Maschinenstundensatzes beschrieben wurden, soll der weniger komplexe Lohnkostensatz hergeleitet werden. Zusätzlich zum Stundenlohn k_{loh} sind alle Lohnnebenkosten, wie Sozialabgaben, tarifliche und freiwillige Arbeitsgeberleistungen einzukalkulieren. Dies geschieht durch einen Faktor $f_{lo} > 1$

$$K_{Lo} = f_{lo} \cdot k_{loh} \tag{34}$$

Der Arbeitsstundensatz K_{Ah} als erste Komponente der Gleichung (25) zur Bestimmung der zeitproportionalen Einzelkosten kann nun aufgrund der in diesem Abschnitt vorgestellten Formel berechnet werden.

7.2.2 Bearbeitungszeit pro Werkstück

Der in Gl. (25) einzusetzende Arbeitsstundensatz ist im vorangegangenen Kapitel mit der Dimension [DM/Zeiteinheit] eingeführt worden. Zur Zielgröße dieser Kostengleichung, den durch ein einziges Werkstück verursachten Kosten in der Einheit [DM/Stück], kann nur eine werkstückbezogene

Bearbeitungszeit in der Einheit [Zeiteinheit/Stück] führen. Diese Bearbeitungszeit pro Werkstück besteht aus Haupt- und Nebenzeit, sowie einem Verteil- und einem Erholungszeitanteil / 24 /

$$t_e = t_h + t_{er} + t_v + t_n \tag{35}$$

Bei jedem dieser Anteile wird in den folgenden Herleitungen stets die Problematik der Wahl einer geeigneten Bezugsstückzahl zu klären sein. Dabei soll unter Bezugsstückzahl diejenige Werkstückanzahl verstanden werden, die die entsprechende Tätigkeit in der Praxis des spitzenlosen Durchlaufschleifens erforderlich macht.

Hauptzeitanteil pro Werkstück

Analog zu anderen Schleifverfahren ergibt sich auch beim spitzenlosen Schleifen die Hauptzeit pro Werkstück für einen Schleifdurchgang als Quotient aus Schleifweg l_s und Vorschubgeschwindigkeit v_t / 25 /

$$t_h = \frac{l_s}{v_t} \tag{36}$$

Als verfahrensspezifische Besonderheit zeigt sich jedoch, daß mit der Bearbeitung nachfolgender Werkstücke bereits begonnen werden kann, bevor der Schleifprozeß des vorangegangenen Werkstücks beendet ist. Es liegt daher nahe, die Werkstücklänge als Schleifweg einzusetzen. Dies ist jedoch nicht vollständig richtig, da im realen Produktionsprozeß zur Ausführung bestimmter Nebentätigkeiten, wie z. B. Abrichten oder Auflageschienenwechsel, der kontinuierliche Werkstückfluß in bestimmten Intervallen unterbrochen wird. Diese Intervallstückzahlen sind im allgemeinen gegenüber der Losgröße sehr klein.

Durch eine geeignete Definition des Schleifweges, in der die Schleifscheibenbreite auf diese Intervallstückzahl bezogen wird, kann dieser Sachverhalt berücksichtigt werden

$$l_s = \frac{b_s}{m_{ds}} + l_w \qquad (37)$$

Als größte hintereinander schleifbare Werkstückanzahl wurde hier die Abrichtstückzahl m_{ds} gewählt. Es kann davon ausgegangen werden, daß bei laufender Produktion von allen Nebentätigkeiten das Schleifscheibenabrichten am häufigsten auftritt. Die Herleitung der Größe m_{ds} als Bezugsgröße ist dem Kapitel 7.2.2.1 zu entnehmen.

Verteil- und Erholungszeit pro Werkstück

Erholungs- und Verteilzeit sind nach Hackstein / 28 / zwei Zeitarten, die im Produktionsablauf unmittelbar durch den Menschen hervorgerufen werden. Der Zuschlag einer Erholungszeit verfolgt den Zweck, dem Menschen bei seiner Tätigkeit kurze Pausen zu ermöglichen, die seiner Ermüdung vorbeugen sollen. In der Verteilzeit wird berücksichtigt, daß bei der planmäßigen Ausführung eines Arbeitsablaufes häufig persönlich bedingte Unterbrechungen oder Störungen auftreten.

Eine systematische Erfassung beider Zeitarten ist nahezu unmöglich, so daß hier einem REFA-Vorschlag / 29 / Folge geleistet werden soll. Danach berechnet sich die Erholungs- und Verteilzeit wie folgt

$$t_{er} + t_v = f_v \, (t_h + t_n) \qquad (38)$$

Nebenzeitanteil pro Werkstück

Die Tatsache, daß das spitzenlose Schleifen bisher nur in die Massenfertigung Eingang gefunden hat, läßt auf umfangreiche Rüst- und Nebenzeiten schließen. So müssen denn auch die verschiedensten Zeitanteile zur Nebenzeit T_n addiert werden

Rüsten der Maschine

- Grundabrichtzeit der Regelscheibe T_{drg}
- Zeit zur Grundeinstellung der Maschine T_{ein}
- Grundabrichtzeit der Schleifscheibe T_{dsg}

Nebentätigkeiten während der Produktion

- Abrichtzeit der Regelscheibe T_{dr}
- Abrichtzeit der Schleifscheibe T_{ds}
- Auswechselzeit der Regelscheibe T_{wr}
- Auswechselzeit der Schleifscheibe T_{ws}
- Auswechselzeit des Regelscheibenabrichtwerkzeugs T_{wdr}
- Auswechselzeit des Schleifscheibenabrichtwerkzeugs T_{wds}

Während das Rüsten der Maschine in der Regel nur einmal bei der Auftragsdurchführung erfolgt, treten die Zeiten der Nebentätigkeit bei der Produktion dann auf, wenn die Mindeststückzahl geschliffener Werkstücke, die die entsprechende Tätigkeit erfordert, erreicht wird. Sie können demzufolge mehrmals während der Auftragsbearbeitung notwendig werden.

Die absolute Nebenzeit zur Auftragsdurchführung setzt sich nun wie folgt zusammen

$$T_n = (T_{drg} + T_{ein} + T_{dsg}) + (c_{ds}\, T_{ds} + c_{dr}\, T_{dr} + c_{wds}\, T_{wds} + c_{wdr}\, T_{wdr} + c_{ws}\, T_{ws} + c_{wr}\, T_{wr}) \qquad (39)$$

Die Faktoren c_i in Gl. (39) geben die Häufigkeit der jeweiligen Nebenzeitanteile für die Auftragsbearbeitung an. Es ist anzumerken, daß sie nur ganzzahlige Werte annehmen dürfen, da halbe Auswechsel- oder Abrichtvorgänge nicht auftreten. Dies wird bei der weiteren Berechnung berücksichtigt. Der Dezimalanteil dieser Faktoren wird dann dazu benutzt, den Werkzeugzustand nach Abarbeitung des Loses auszugeben.

Zunächst sollen die Zeiten T_i der Gl. (39) anhand einer Vorgabezeitentabelle in Bild 53 für alle Tätigkeiten hergeleitet werden. Danach wird eine genauere Erläuterung der jeweiligen Nebenzeitanteilhäufigkeit angegeben.

Zeit	Bezeichnung der Tätigkeit
T_1	Ausschalten der Kühlschmierstoffzufuhr, Auslauf der Schleifscheibe zur Vermeidung eines Wassersacks, Ausschalten des Schleifscheibenantriebs
T_2	Regelscheibenabrichteinrichtung auf Regelscheibenabrichtwinkel α_{rd} schwenken
T_3	Regelscheibengehäuse auf Regelscheibenneigungswinkel α_r schwenken
T_4	Auflageschiene austauschen
T_5	Regelscheibenschwenkwinkel δ_r durch Brückenschwenkung einstellen
T_6	Zustellung der Regelscheibe auf die Auflageschiene
T_7	Einstellen der Höhenlage h
T_8	Regelscheibenseitige Werkstückführungsbacken einstellen
T_9	Öffnen der Schutzhaube
T_{10}	Auswechseln des SS- Abrichtwerkzeuges
T_{11}	Schleifscheibenwechsel in Wechselvorrichtung mit Aus- und Einheben der Schleifspindel
T_{12}	Schließen der Schutzhaube
T_{13}	Bestimmen und Einstellen der Schleifscheibendrehzahl
T_{14}	Justieren des Auswuchtsteuergerätes auf neue Schleifscheibe.
T_{15}	Schleifscheibenseitige Werkstückführungsbacken einstellen
T_{16}	Warmlaufenlassen der Maschine
T_{17}	Einstellen der effektiven Schleifbreite und der korrekten Schleifzustellung mit Probewerkstücken
T_{18}	Einstellen der Kühlschmierstoffdüse parallel zur Schleifscheibe und des Kühlschmierstoffdrucks
T_{19}	Vorderes Regelscheibenlager aus- und einbauen
T_{20}	Auswechseln des RS- Abrichtwerkzeuges
T_{21}	Auswechseln der Regelscheibe
T_{22}	Bestimmen und Einstellen der Regelscheibendrehzahl
T_{23}	Zustellung des RS- Abrichtwerkzeuges
T_{24}	Auswuchten der Schleifscheibe mit hydro-dynamischer Einrichtung

Bild 53: Vorgabezeittabelle für Tätigkeiten zur Auftragsdurchführung

Es ergibt sich somit

$$T_{drg} = n_1 \left(\frac{b_r + 2l_{ür}}{n_{rd} \cdot s_{dr}} + T_{23} \right) + T_2 + T_{22} \qquad (40)$$

mit

$$n_1 = \left[\frac{a_{drgesg}}{a_{dr}} \right] + 1 \tag{41}$$

Die Ermittlung der erforderlichen Gesamtabrichtzustellung a_{drgesg} soll an dieser Stelle nicht vorgenommen werden, da sie sich aus einfachen Beziehungen, die von Meis / 4 / aufgestellt und in weiteren Arbeiten / 26, 27 / bereits entsprechend angewendet wurden, herleiten läßt. Zur Maschineneinstellzeit werden die folgenden Tätigkeiten zusammengefaßt, die zur Justierung der Regelscheibe im Gesamtsystem Maschine notwendig sind, so daß die geforderten geometrischen und kinematischen Bedingungen erreicht werden.

$$T_{ein} = T_3 + T_4 + T_5 + T_6 + T_7 + T_8 + T_{22} + T_{15} + T_{16} + T_{17} + T_{18} \tag{42}$$

In Analogie zur Grundabrichtzeit der Regelscheibe, wird die Grundabrichtzeit der Schleifscheibe zu

$$T_{dsg} = \frac{a_{dsgesg} \, (b_s + 2\, l_{üs}) \, \pi \, d_s}{a_{ds} \cdot s_{ds} \cdot v_s} + T_{13} + T_{24} \tag{43}$$

bestimmt.

Nachdem nun die Rüstzeitanteile beschrieben sind, sollen jetzt die während der Produktion auftretenden Nebentätigkeiten betrachtet werden. Zunächst die Abrichtzeiten für Schleif- und Regelscheibe

$$T_{ds} = \frac{a_{dsges} \, (b_s + 2\, l_{üs}) \, \pi \, d_s}{a_{ds} \cdot s_{ds} \cdot f_s} \tag{44}$$

$$T_{dr} = \frac{a_{drges}}{a_{dr}} \left(\frac{b_r + 2 l_{ür}}{n_{rd.} s_{dr}} + T_{23} \right) + T_1 + \frac{1}{3} T_4 + T_6$$

$$+ T_7 + T_8 + 2T_{22} + T_{24} + T_{17} \tag{45}$$

In Gl. (45) ist auch der Verschleiß der Auflageschiene mitberücksichtigt. Dabei wird vorausgesetzt, daß ein Auflageschienenwechsel nach jedem dritten Regelscheibenabrichtvorgang erfolgt. Diese Annahme wurde aufgrund von eigenen sowie in der industriellen Praxis vorliegenden Erfahrungen getroffen.

Für die Wechselzeit der Abrichtwerkzeuge wird aufgrund der Vorgabezeitentabelle (Bild 53) angesetzt:

$$T_{wds} = T_1 + T_9 + T_{10} + T_{12} + T_{18} + T_{24} + T_{16} \tag{46}$$

$$T_{wdr} = T_1 + T_{19} + T_{20} + T_{24} + T_{16} \tag{47}$$

Nun fehlen noch die Nebenzeitanteile für einen möglichen Austausch von Schleif- und Regelscheibe. Es gilt

$$T_{ws} = T_9+T_{10}+T_{12}+T_{18}+T_{13}+T_{14}+T_{15}+T_{16}+T_{17} + \frac{a_{dsex} (b_s + 2\, l_{üs})\, \pi\, d_s}{a_{ds} \cdot s_{ds} \cdot v_s} \tag{48}$$

und

$$T_{wr} = T_1+T_{19}+T_{21}+2T_{22}+T_6+T_7+T_8+T_{24}+T_{16}+T_{17} + n_2 \left(\frac{b_r+2l_{ür}}{n_{rd} \cdot s_{dr}} + T_{23} \right) \tag{49}$$

mit

$$n_2 = \left[\frac{a_{drgesn}}{a_{dr}} \right] + 1 \tag{50}$$

Wie aus den Gl. (48) und (49) hervorgeht, ist das sofortige Abrichten der Werkzeuge nach einem Wechsel berücksichtigt. Dies ist notwendig, um einerseits das gewünschte Scheibenprofil zu erzeugen und andererseits durch Exzentrizitäten bedingte Rundlauffehler zu beseitigen. Für die Schleifscheibe wird dies durch eine entsprechend große Gesamtabrichtzustellung

$a_{ds\,ex}$ berücksichtigt. Bei der Regelscheibe wird die Anzahl der Hübe n_2 über das abzurichtende Volumen vom Zylinder (Ausgangs-Neukontur) zum benötigten Rotationshyperboloid berechnet. Die Herleitung soll hier ebenfalls nicht erfolgen, es wird auf / 27 / verwiesen.

7.2.2.1 Abrichtmodelle von Schleif- und Regelscheibe zur Nebenzeitanteilhäufigkeitsberechnung

Es wurde bereits angesprochen, daß die Ermittlung geeigneter Bezugsstückzahlen für die Berechnung realistischer Nebenzeitanteile problematisch ist. Dazu kommt, daß das spitzenlose Durchlaufschleifen, bezüglich des Werkzeugverschleißes, der ja der Auslösefaktor aller Nebentätigkeiten während der Produktion ist, noch nahezu unerforscht ist. Dies bedeutet, daß auf experimentell ermittelte Abtragsverhältnisse zur Zeit noch nicht zurückgegriffen werden kann. Es wurde daher ein Ansatz zur Nebenzeitberechnung gewählt, wie er in Bild 54 dargestellt ist.

Ausgangspunkt sind Abrichtmodelle jeweils für Schleif- und Regelscheibe. Da durch das Abrichten wieder eine definierte Scheibenoberfläche erzeugt werden soll, muß die Gesamtzustellung des Abrichtwerkzeugs $a_{d\,ges}$ stets größer sein als der Radiusverschleiß. Der Gesamtverschleiß nach einer bestimmten geschliffenen Werkstückanzahl m_{ds} (m_{dr}), der sich in der Praxis aus einem Abricht- und einem Verschleißanteil zusammensetzt, kann theoretisch also auch als reiner Abrichtverschleiß verstanden werden. Die Berechnung wird dadurch nicht beeinflußt, vielmehr vereinfacht diese Betrachtungsweise die Zeit- und Kostenermittlung erheblich. Es können somit die jeweiligen Abrichtstückzahlen m_{ds} und m_{dr} bestimmt werden. Sind zusätzlich der Werkzeugzustand bei Auftragsbeginn und die Losgröße bekannt, kann berechnet werden, wie oft jeder Nebenzeitanteil bis zum Auftragsende ausgeführt werden muß.

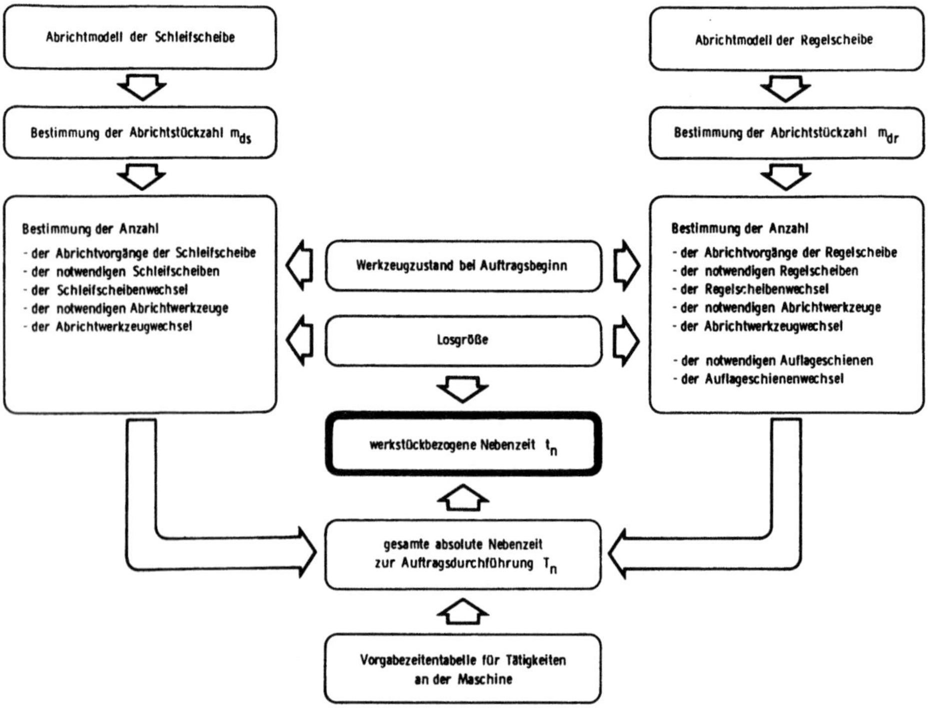

Bild 54: Ansatz zur Bestimmung der werkstückbezogenen Nebenzeit

Es folgt dann die gesamte absolute Nebenzeitberechnung laut Kapitel 7.2.2 und schließlich die werkstückbezogene Nebenzeit nach Gl. (51)

$$t_n = \frac{T_n}{L} \qquad (51)$$

Zunächst soll ermittelt werden, wie oft der Nebenzeitanteil T_{ds} im laufenden Auftrag auszuführen ist. Die Häufigkeit c_{ds} ergibt sich sehr einfach durch Bezug der Losgröße auf die Abrichtstückzahl m_{ds}

$$c_{ds} = \left[\frac{L}{m_{ds}} \right] \qquad (52)$$

Die Schwierigkeit besteht nun darin, die Abrichtstückzahl auf Grund eines Abrichtkriteriums zu bestimmen. Dies kann je nach Anwendungsfall eine maximal tolerierte Kreisformabweichung oder Rauheit der geschliffenen Werkstücke sein. Da genaue Voraussagen Langzeituntersuchungen bedingen, die den Rahmen dieser Arbeit sprengen würden, konnte nur auf einige eigene Untersuchungen sowie auf Unterlagen der Industrie zurückgegriffen werden.

Es ist daher das in Bild 54 dargestellte Abrichtmodell zu entwickeln, mit dessen Hilfe die Werkstückanzahl pro Abrichtintervall sinnvoll bestimmbar ist und das die qualitativen Zusammenhänge der technologischen Parameter beim spitzenlosen Schleifen erfüllt.

Bild 55 zeigt wodurch die Anzahl der Abrichtvorgänge an Schleif- und Regelscheibe beeinflußt wird. Beim Aufstellen der Kostengleichung wird da-

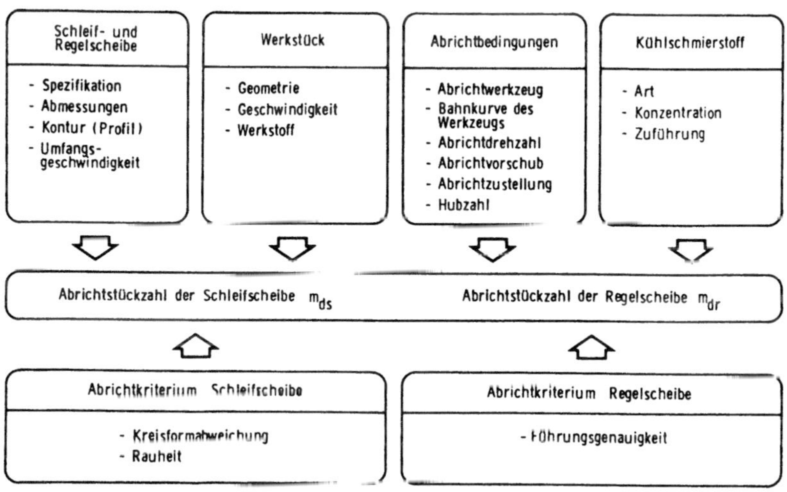

Bild 55: Einflüsse auf die Anzahl der Abrichtvorgänge bei Schleif- und Regelscheibe

von ausgegangen, daß die optimal gewählten Abrichtbedingungen und der Kühlschmierstoff stets gleichbleiben und somit keinen Einfluß mehr auf die Abrichtstückzahl ausüben. Durch Einengung des Geltungsbereiches der Kostengleichung auf nur eine Schleifscheibenspezifikation und Schnittgeschwindigkeit, sowie auf den zu schleifenden Wälzlagerwerkstoff 100 Cr6, verbleiben als Einflußfaktoren in diesem Modell die Werkstückgeometrie, die Werkstückgeschwindigkeit, die Schleifscheibenabmessungen und das Abrichtkriterium.

Die Werkstückgeometrie ist festgelegt durch

- Werkstückdurchmesser d_w
- Bearbeitungslänge l und
- Aufmaß z

Die Werkstückgeschwindigkeit v_w läßt sich mit Hilfe des RS-Neigungswinkels in die Prozeßgröße v_t umwandeln

$$v_t = v_w \tan \alpha_r \tag{53}$$

Das Zeitspanungsvolumen (Bild 8) bringt die oben erwähnten Einflußgrößen in eine Beziehung zueinander

$$Z = \frac{1}{2} \pi z d_w \cdot v_t \cdot \frac{1}{l_w} \tag{54}$$

Da die Bearbeitungslänge in dieser Gleichung nur als auf die Werkstücklänge l_w bezogene Größe existiert, ist eine direkte Abhängigkeit $m_{ds} = f(Z)$ nicht sinnvoll, weil sonst Werkstücken mit großer Länge (z.B. Stangen) die gleiche Abrichtstückzahl zugeordnet würde, wie Werkstücken kleiner Länge (z.B. Nadeln), sofern sie bei gleichem Zeitspanungsvolumen geschliffen würden. Aus diesem Grund wird eine vorläufige Gesamtbearbeitungslänge zu

$$L_{ds\,v} = m_{dsv} \cdot l \tag{55}$$

berechnet und als Funktion von Z definiert. Diese Funktion muß dabei folgenden durch einen Graphen in Bild 56 - oben links dargestellten Bedingungen genügen.

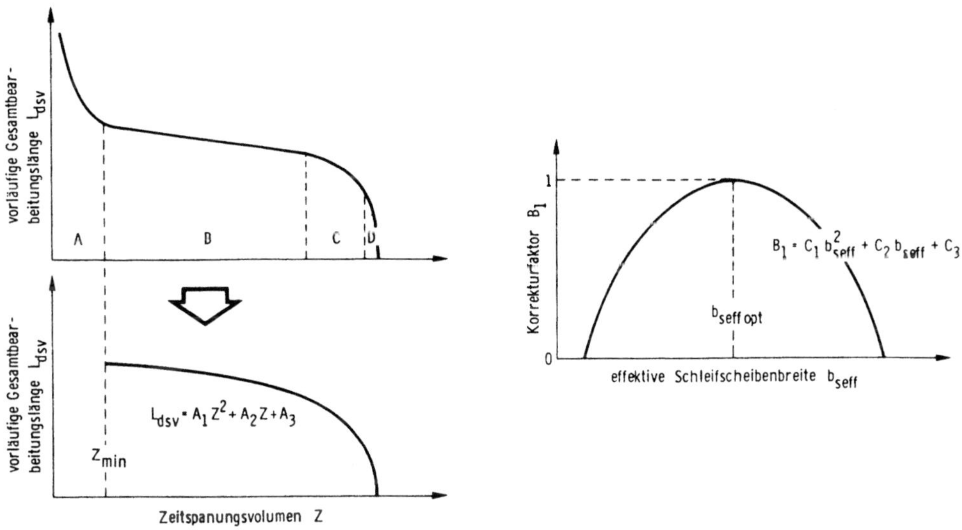

Bild 56: Zur Herleitung des Abrichtmodells für die Schleifscheibe

(A) - Z sehr klein	$L_{dsv} \to \infty$, die Schleifscheibe wird überhaupt nicht oder nur sehr wenig belastet.
(B) - mittlere Werte von Z	L_{dsv} bewegt sich näherungsweise auf einer Geraden mit negativer Steigung.
(C) - Z sehr groß	L_{dsv} strebt schnell gegen Null, da eine hohe Belastung der Scheibe vorliegt.
(D) - Z erreicht oberen Grenzwert	L_{dsv} ist Null, da durch Überlastung eine Zerstörung der Schleifscheibentopographie erfolgt.

Da im praktischen Schleifbetrieb ein minimales Zeitspanungsvolumen aus technologischen sowie wirtschaftlichen Gründen nicht unterschritten wird, kann Bereich (A) entfallen. Die vorläufige Gesamtbearbeitungslänge ist so durch eine Gleichung zweiten Grades beschrieben, die graphisch im Bild 56 - links unten dargestellt ist.

Mit Hilfe von

$$L_{dsv} = A_1 Z^2 + A_2 Z + A_3 \qquad (56)$$

ist die vorläufige Gesamtbearbeitungslänge bestimmt.

Zur endgültigen Gesamtbearbeitungslänge und damit zur Anzahl der Werkstücke zwischen zwei Abrichtvorgängen führt die Berücksichtigung der Schleifscheibenabmessungen. Zwei Zonen der Schleifscheibenbreite üben dabei den hauptsächlichen Einfluß auf die Abrichtstückzahl aus. Zum einen ist dies die Ausfunkzone mit ihrer Fähigkeit Rundheit und Rauheit des Werkstücks zu verbessern und zum anderen die Zone der effektiven Schleifbreite, wo die eigentliche Zerspanung stattfindet; hier liegt die Stelle höchster Schleifscheibenbelastung vor. Beide stehen in unmittelbarer Wechselwirkung zueinander, denn bei konstanter Einlaufzone folgt

$$b_{seff} + b_{sa} = \text{const.} \qquad (57)$$

Eine größtmögliche Gesamtbearbeitungslänge wird demzufolge nur bei optimaler Einstellung des Schleifspaltes erreicht.

Ist b_{seff} zu klein und die Ausfunkzone zu groß, wird die Schleifscheibe durch die kurze Strecke, in der das Aufmaß abgetragen wird, sehr stark belastet. Resultat sind häufiges Abrichten und eine geringe Gesamtbearbeitungslänge. Im umgekehrten Fall ist eine zu kleine Ausfunkzone nicht mehr in der Lage, Kreisformabweichungen und unzulässige Rauheiten abzubauen.

Berücksichtigt werden diese Tatsachen, indem die vorläufige Gesamtbearbeitungslänge mit einem Faktor $B_1 \leqslant 1$ multipliziert wird, der in Abhängigkeit von b_{seff} bestimmt wird. Als Möglichkeit bietet sich hier eine nach unten geöffnete und in den ersten Quadranten verschobene Parabel an (Bild 56 rechts).

Rechnerisch ergibt sich B_1 damit durch die Gleichung

$$B_1 = C_1 b_{seff}^2 + C_2 b_{seff} + C_3 \quad (58)$$

Die endgültige Gesamtabrichtlänge berechnet sich dann zu

$$L_{ds} = B_1 \cdot L_{dsv} \quad (59)$$

womit die Abrichtstückzahl bestimmt werden kann.

$$m_{ds} = \frac{B_1 \cdot L_{dsv}}{l} \quad (60)$$

$$= \frac{1}{l}(C_1 b_{seff}^2 + C_2 b_{seff} + C_3)$$

$$(A_1 Z^2 + A_2 Z + A_3) \quad (61)$$

Eine Vervollständigung des Abrichtmodells erfordert noch das Aufstellen einer Beziehung zwischen Abrichtstückzahl und Abrichtkriterium. Dieser Zusammenhang wird aber schon durch Variation der Konstanten in Gleichung (61) verwirklicht. So müssen z.B. die Konstanten A_i für Vor- und Fertigschliff anders bestimmt werden, da hier einerseits unterschiedliche Zeitspanungsvolumina vorliegen, andererseits aber der Abbau von Welligkeiten sowie eine Rauheitsverbesserung z.B. unter Schruppbedingungen weit weniger wichtig ist.

Eine ähnliche Betrachtung und Vorgehensweise muß nun bei der Aufstellung des Regelscheibenabrichtmodells angewendet werden. Zusätzlich wird hier der Verschleiß der Auflageschiene mit berücksichtigt (Bild 54).

Die Anzahl der für den Auftrag erforderlichen Abrichtvorgänge sowie die vorläufige Gesamtbearbeitungslänge ergeben sich analog zu den Gleichungen (52) und (55)

$$c_{dr} = \left[\frac{L}{m_{dr}} \right] \tag{62}$$

$$L_{drv} = m_{drv} \cdot l \tag{63}$$

Hinsichtlich der Einflüsse auf die Anzahl der Regelscheibenabrichtvorgänge in Bild 55, wird von den gleichen Annahmen ausgegangen wie bei der Schleifscheibe. Es genügt auch hier wieder die Erörterung der Einflußfaktoren Werkstückgeometrie, Werkstückgeschwindigkeit, Regelscheibenabmessungen, Regelscheibengeschwindigkeit und Neigungswinkel.

Schreitmüller und Hönscheid / 2 / ermittelten durch Versuche beim spitzenlosen Einstechschleifen den Regelscheibenverschleiß in Abhängigkeit vom bez. Zerspanungsvolumen V'_W, vom bez. Zeitspanungsvolumen Z' und der Regelscheibenumfangsgeschwindigkeit v_r.

Basierend auf diesen Untersuchungen läßt sich eine ähnliche Lösung zur Bestimmung der Abrichtstückzahl m_{dr}, wie schleifscheibenseitig bereits erfolgt, ableiten. Das bezogene Zeitspanungsvolumen Z' verknüpft nach Gleichung (23) die Werkstückgeometrie und -geschwindigkeit miteinander

$$Z' = \frac{1}{2} \pi d_w z v_t \frac{1}{l_w} \frac{1}{b_{seff}} \tag{23}$$

Bei konstanter RS-Geschwindigkeit und konstantem bez. Zerspanungsvolumen ergibt sich nach / 2 / eine etwa lineare Abhängigkeit des radialen Regelscheibenverschleißes von Z'. Daher soll auch die Funktion $L_{drv} = f(Z')$ einem linearen Zusammenhang genügen (Bild 57 oben). Es gilt demzufolge

$$L_{drv} = A_4 Z' + A_5 \tag{64}$$

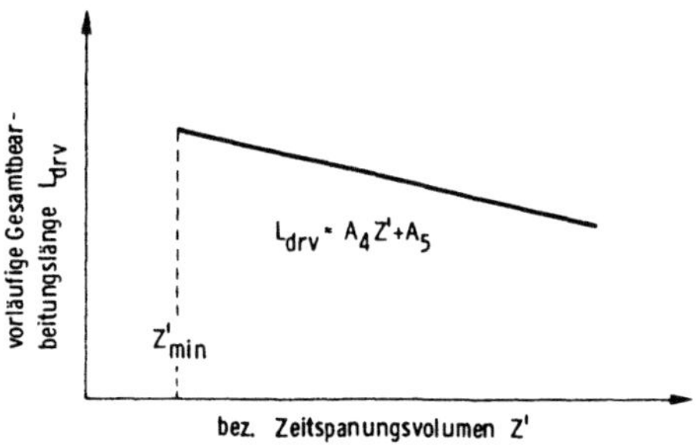

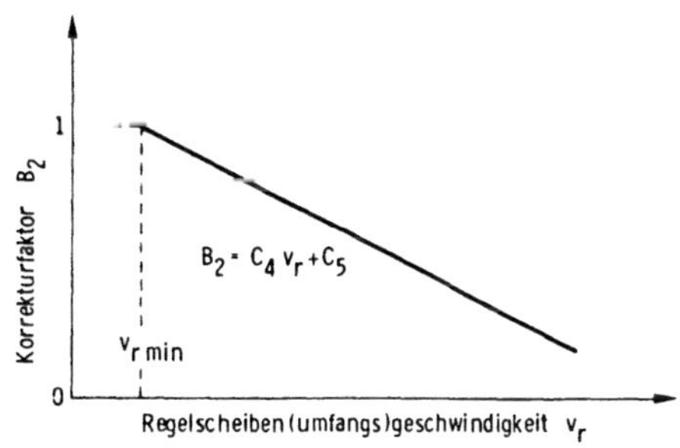

Bild 57: Zur Herleitung des Abrichtmodells für die Regelscheibe

Da aus einer Erhöhung von Z' eine Zunahme des Verschleißes und somit zwangsläufig eine Abnahme der Gesamtbearbeitungslänge resultiert, muß die durch Gl. (64) beschriebene Gerade eine negative Steigung besitzen. Auch hier wird ein minimales Z'_{min} nicht unterschritten.

Der gleiche Zusammenhang wird zwischen Regelscheibenverschleiß und Regelscheibengeschwindigkeit v_r angenommen, wie in Bild 57 - unten über den Korrekturfaktor B_2 verdeutlicht wird.

$$B_2 = C_4 \cdot v_r + C_5 \qquad (65)$$

Da ein spitzenloses Schleifen mit $v_r = 0$ nicht möglich ist, wird der Definitionsbereich von Gl. (65) auf $v_r \geq v_{r\,min}$ eingeschränkt.

Die Abrichtstückzahl ergibt sich dann auch hier über die Beziehung

$$L_{dr} = B_2 \cdot L_{drv} \tag{66}$$

zu

$$m_{dr} = \frac{B_2 \cdot L_{drv}}{l} \tag{67}$$

$$= \frac{1}{l} (C_4 v_r + C_5) \cdot (A_4 Z' + A_5) \tag{68}$$

Wie bei der Schleifscheibe soll durch Variation der Konstanten A_4 und A_5 eine Anpassung des Regelscheibenabrichtmodells an die unterschiedlichen Abrichtkriterien bei Vor- und Fertigschliff getroffen werden.

Die Zahl der Abrichtvorgänge von Schleif- und Regelscheibe c_{ds} bzw. c_{dr} kann nun bestimmt werden. Gleichzeitig ist damit auch die Grundlage zur Berechnung der restlichen Häufigkeiten geschaffen. Sie ergeben sich aufgrund einfacher Zusammenhänge der Volumenverluste von Abrichtwerkzeug sowie der Schleif- und Regelscheibe beim Abrichten.

Die Ermittlung von c_{wds} und c_{wdr} (Anzahl der Abrichtwerkzeugwechsel) basiert auf Untersuchungen von Völler / 30/. Hier wurde das abgerichtete Schleifscheibenvolumen pro mm-Längenverschleiß der Abrichtfliese in Form einer Konstanten bestimmt

$$C_S = \frac{V_S}{l_F} \tag{69}$$

Damit ergibt sich die für das Los erforderliche Fliesenlänge zu

$$l_{F\,ges} = \frac{1}{C_S} V_{S\,los} \tag{70}$$

mit

$$V_{S\,los} = c_{ds} \cdot V_{S\,abr} \tag{71}$$

Für die Wechselhäufigkeit des schleifscheibenseitigen Abrichtwerkzeugs gilt dann

$$c_{wds} = \left[\frac{l_{F\,ges} - f_F \cdot l_F}{l_F} \right] + 1 \qquad (72)$$

Dabei wird die vor Auftragsbeginn vorhandene Länge der eingebauten Fliese durch den Faktor f_F, der den Gebrauchszustand in Prozent vom Neuzustand angibt, berücksichtigt.

Ähnliches gilt für die Regelscheibe, jedoch muß hier beachtet werden, daß mit Einkorndiamant abgerichtet wird. Die Konstante C_R wird daher definiert, indem das abgerichtete Regelscheibenvolumen auf eine Diamantarbeitsspitze bezogen wird.

$$C_R = \frac{V_R}{d} \qquad (73)$$

Analog zu Gl. (70) ergibt sich

$$d_{ges} = \frac{1}{C_R} V_{R\,los} \qquad (74)$$

mit

$$V_{R\,los} = c_{dr} \cdot V_{R\,abr} \qquad (75)$$

Damit läßt sich c_{wdr} dann wie folgt bestimmen

$$c_{wdr} = \left[d_{ges} - f_D \right] + 1 \qquad (76)$$

wobei f_D auch hier wieder den Zustand des bei Auftragsbeginn vorhandenen Einkorndiamanten wiedergibt.

Die Anzahl der Schleifscheibenwechsel, die zur Abarbeitung des Loses nötig sind, ist mit

$$c_{ws} = \left[\frac{V_{S\,los} - V_{S0}}{V_{S\,nutz}} \right] + 1 \qquad (77)$$

zu berechnen. Das für das gesamte Los erforderliche Scheibenvolumen $V_{S\,los}$ wurde bereits in Gl. (71) ermittelt. Das bei Auftragsbeginn zur Verfügung stehende Volumen in Form einer montierten, aber bereits gebrauchten Schleifscheibe ist durch

$$V_{S0} = \frac{\pi}{4} b_s \, (d_{s0}^2 - d_{send}^2) \qquad (78)$$

feststellbar. Mit $V_{S\,nutz}$ schließlich wird das nutzbare Volumen einer Scheibe für den Schleifbetrieb bezeichnet.

$$V_{S\,nutz} = \frac{\pi}{4} b_s \, ((d_{s\,neu} - 2a_{dsex})^2 - d_{s\,end}^2) \qquad (79)$$

Entsprechend kann c_{wr} berechnet werden zu

$$c_{wr} = \left[\frac{V_{R\,los} - V_{R\,0}}{V_{R\,nutz}} \right] + 1 \qquad (80)$$

7.3 Werkzeugkosten

Das spitzenlose Schleifen erfordert fünf unterschiedliche Werkzeugtypen:

- Schleifscheibe
- Regelscheibe
- Abrichtwerkzeug der Schleifscheibe (Abrichtplatte)
- Abrichtwerkzeug der Regelscheibe (Einkorndiamant)
- Auflageschiene.

Dementsprechend bestehen die Werkzeugkosten K_{EW} aus den fünf Anteilen der oben genannten Werkzeuge. Da auch hier eine Darstellung in der Form - Kosten pro Werkstück - anzustreben ist, müssen die Anteile noch auf die Losgröße L bezogen werden. Damit ergibt sich

$$K_{EW} = \frac{1}{L} (K_{SS} + K_{RS} + K_{DS} + K_{DR} + K_{AS}) \qquad (81)$$

Die für den Schleifscheiben- und Regelscheibenwechsel unumgänglichen Vorrichtungen sollen im Anschaffungspreis der Maschine enthalten sein. Die Kosten für den eigentlichen Wechselvorgang, z.B. Personalkosten und Kosten der zwar nicht produzierenden aber doch im Betrieb befindlichen Maschine, sind bereits in den zeitproportionalen Einzelkosten enthalten, so daß im folgenden nur noch der reine Kaufpreis der Werkzeuge auf die Erzeugnisse verrechnet werden muß.

7.3.1 Schleif- und Regelscheibenkosten

Das zur Erfüllung des Auftrags erforderliche Schleifscheibenvolumen ist bereits innerhalb des Abrichtmodells für die Schleifscheibe in Kapitel 7.2.2.1 bestimmt worden. Verknüpft mit dem spezifischen Schleifscheibenpreis k_{ss} liefert es die Schleifscheibenkosten, die die Bearbeitung des Loses verursacht

$$K_{SS} = V_{S\,los} \cdot k_{ss} \qquad (82)$$

Unter dem spezifischen Schleifscheibenpreis ist hier der Kaufpreis der Schleifscheibe bezogen auf das zur Bearbeitung der Werkstücke nutzbare Scheibenvolumen zu verstehen. Er berechnet sich zu

$$k_{ss} = \frac{P_{SS}}{V_{S\,nutz}} \qquad (83)$$

Analog zu den Schleifscheibenkosten kann die Ermittlung der Regelscheibenkosten durchgeführt werden. Es gelten

$$K_{RS} = V_{R\,los} \cdot k_{rs} \qquad (84)$$

und

$$k_{rs} = \frac{P_{RS}}{V_{R\,nutz}} \tag{85}$$

Alle in diesem Abschnitt bezeichneten Volumina sind in der diesem Kapitel vorangegangenen Berechnung der Bearbeitungszeit schon erfaßt worden, so daß sie an dieser Stelle übernommen werden können.

7.3.2 Kosten der Abrichtwerkzeuge

Da in der industriellen Praxis in der Überzahl der Anwendungsfälle Abrichtplatten (Fliesen) eingesetzt werden, beschränkt sich die Kostenberechnung auf dieses Werkzeug.

Die zur Auftragserfüllung notwendige Gesamtfliesenlänge $l_{F\,ges}$ ist bereits bekannt (Kapitel 7.2.2.1). Über den spezifischen Fliesenpreis k_{ds}, bei dem der Kaufpreis der Fliese auf ihre nutzbare Länge l_F bezogen wird, lassen sich die Kosten wie folgt berechnen

$$K_{DS} = l_{F\,ges} \cdot k_{ds} \tag{86}$$

mit

$$k_{ds} = \frac{P_{DS}}{l_F} \tag{87}$$

Das Abrichten der Regelscheibe geschieht dagegen mit einem Einkorndiamanten. Bekannt ist auch hier die Anzahl d_{ges} der während der Bearbeitung eines Loses eingesetzten Abrichtwerkzeuge. Somit folgen die Kosten zu

$$K_{DR} = d_{ges} \cdot \bar{P}_{DR} \tag{88}$$

Bei der Berechnung des mittleren Preises $\bar{P}_{DR}$ ist zu beachten, daß der in der maschinenspezifischen Fassung eingefügte Einkorndiamant N_d Arbeitsspitzen besitzt und daher zur Erzeugung eines neuwertigen Abrichtwerkzeugs (N_d - 1)-mal umgefaßt werden kann, bis ein neuer Diamant angeschafft werden muß. Daher ist $\bar{P}_{DR}$ genau genommen ein mittlerer Preis pro Arbeitsspitze mit

$$\bar{P}_{DR} = \frac{P_{DR} + (N_{d-1}) \cdot P_{DRu}}{N_d} \qquad (89)$$

der sich mit (88) aus dem Kaufpreis P_{DR} eines neuen Diamanten, dem Preis für das einmalige Umfassen P_{DRu} und der Zahl der nutzbaren Spitzen berechnen läßt.

7.3.3 Auflageschienenkosten

Ähnlich der Kostenberechnung für das Abrichten mit dem Einkorndiamanten verhalten sich auch die Zusammenhänge für die Kostenberechnung der hartmetallbeschichteten Auflageschiene. Je nach Dicke der aufgelöteten Hartmetallplättchen genügt N_a-faches Nachschleifen der Auflagefläche zur Wiederherstellung des Neuzustandes bis schließlich eine neue Hartmetallbeschichtung aufgebracht werden muß.

Das Nachschleifen kann zumeist mit den relativ geringen Kosten P_{ASn} durchgeführt werden, wohingegen der Preis für die Neubeschichtung P_{ASb} sehr viel stärker zu Buche schlägt.

Für eine Auflageschiene entstehen die durchschnittlichen Kosten

$$\bar{P}_{AS} = \frac{N_a \cdot P_{ASn} + P_{ASb}}{N_a + 1} \qquad (90)$$

so daß sich die Gesamtkosten für das Los zu

$$K_{AS} = \frac{1}{3}\, c_{dr} \cdot \bar{P}_{AS} \qquad (91)$$

berechnen, da der Auflageschienenwechsel bei jedem dritten Regelscheibenabrichten erfolgt.

8. Programmmodule zur externen Vorgabe von Stelldaten

Zur Nutzung der technologischen und wirtschaftlichen Vorzüge des spitzenlosen Durchlaufschleifens in der industriellen Fertigung sollen in den nachfolgenden Kapiteln verschiedene Programmodule vorgestellt werden, die aufgrund bereits vorhandener Untersuchungen / 3, 4 / und den in dieser Arbeit gewonnenen Erkenntnissen entwickelt wurden.

Die einzelnen Programmodule lassen sich zwei Bereichen zuordnen:

- In den ersten Bereich gehören die von Meis / 3 / hergeleiteten Berechnungsformeln für das Abrichten der Regelscheibe. Hier wurde mit Hilfe der analytischen Geometrie eine Nachbildung des gesamten Schleifspalts durch ein Rechenmodell vorgenommen, so daß verschiedene Regelscheibenkonturen gegenübergestellt und bewertet werden konnten. Die umfassende mathematische Behandlung dieses Problemkreises konnte dabei zu praxisgerechten einfachen Berechnungsformeln zusammengefaßt werden.
- Der zweite Bereich widmet sich der Problematik der Kreisformabweichung. Im Hinblick darauf wurde eine theoretisch fundierte und experimentell überprüfte Methodik zur Wahl der Höhenlage entwickelt, die es gestattet, günstige geometrische Voraussetzungen für den Rundungsprozeß zu schaffen.

Beide Bereiche können für die Richtwertvorgabe übernommen werden, wobei der letztere leicht abgewandelt werden muß (siehe Kapitel 8.1). Dazu kommen dann noch Programmbausteine, die eine Optimierung der Stelldaten über Rundheits- und Rauheitsmodelle erlauben. Vervollständigt wird die technologische Prozeßoptimierung durch die Kostenberechnung, die eine Aussage trifft, welche von mehreren technologisch gleichwertigen Alternativen unter dem Gesichtspunkt der Bearbeitungskosten zu bevorzugen ist.

8.1 Höhenlageoptimierung

Da die geometrische Stabilität des Prozesses durch die Höhenlage festgelegt wird, sind die von Meis / 3 / untersuchten Höhenlagen zur Überprüfung der Stabilitätstheorie so variiert worden, daß einerseits der praxisübliche Bereich abgedeckt wurde und andererseits sich im Hinblick auf Stabilität und Eckenzahl verschiedenartige Verläufe über der Schleifscheibenbreite ergaben. Die kinematischen Bedingungen dieser Schleifversuche wurden konstant gehalten, um ausschließlich die geometrischen Auswirkungen feststellen zu können.

Aus diesen Untersuchungen lassen sich folgende Schlüsse ziehen:

Der Einfluß des Stabilitätsgrades S auf die Kreisformabweichung wird, wenn während des gesamten Prozesses einheitliche Verhältnisse vorliegen, durch das Experiment bestätigt. Allerdings treten bei praxisüblichen Einstellungen sehr unterschiedliche Beträge des Stabilitätsgrades auf, so daß der Stabilitätsrand mehrmals gekreuzt wird (Bild 28). Es kommt dann zu einer nicht mehr überschaubaren Mittelwertbildung, die eine Korrelation zur Höhenlage verwischt.

Auf Grund der Versuchsergebnisse lag es nahe, eine Optimierungsstrategie zu entwickeln, die auf der Grundlage der gewonnenen Erkenntnisse eine externe Vorgabe der Werkstückhöhenlage mittels Rechnerprogramm erlaubt.

Grundgedanke ist dabei, für den Schleifspalt eine geometrische Konstellation zu finden, bei der möglichst hohe Wellenzahlen zu erwarten sind und der Bereich $w < 10$ gemieden wird.

Als wesentliche Stellgröße soll die Höhenlage verändert werden. Wenn der Stellbereich der Höhenlage nicht ausreicht, sind darüberhinaus mit wählbarer Priorität Auflagewinkel β, Regelscheibenneigungswinkel α_r und Schleifscheibenbreite b_s ebenfalls zu verändern.

Bild 58 zeigt die dazu entwickelte Strategie. Es sind zunächst Werkstück-, Regel- und Schleifscheibendurchmesser als Festwerte vorzugeben. Notwendig sind ferner Vorgabewerte bzw. Stellbereichsangaben für Höhenlage,

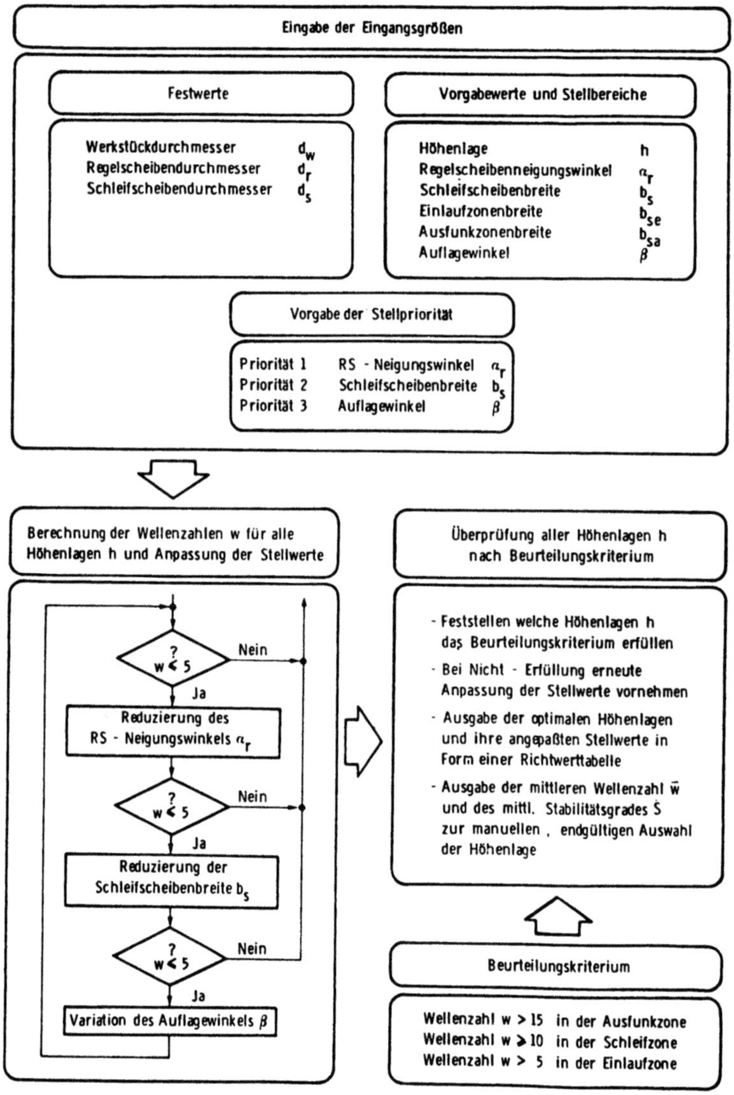

Bild 58: Optimierungsstrategie zur Ermittlung der Höhenlage

Neigungs- und Auflagewinkel sowie Schleifscheibenbreite mit Angabe von Ein- und Auslaufzonenlänge. Die Bereiche sollten grundsätzlich so groß wie maschinenseitig möglich angegeben werden. Außer der Höhenlage muß den drei oben aufgeführten Stellgrößen von Fall zu Fall eine Priorität zugewiesen werden. Da die Regelscheibenneigung α_r meistens frei gewählt werden kann, ist sie die wichtigste Variable der Optimierung. Die Schleifscheibenbreite dagegen muß aus wirtschaftlichen Gründen möglichst groß gehalten werden, so daß sie als Variable erst in zweiter Linie in Betracht kommt. Die Änderung des Auflagewinkels β ist wegen des damit verbundenen Aufwandes nur in der Großserienfertigung gerechtfertigt. Stehen jedoch unterschiedliche Auflageschienen zur Verfügung, sollte diese Änderung einer Reduzierung der Schleifscheibenbreite vorgezogen werden.

Im Programmablauf folgt zunächst die Berechnung der Wellenzahlen. Je nach Vorgabe des Beurteilungskriteriums (Bild 58 unten) werden nur Wellenzahlen größer 10 in der Schleifzone zugelassen. Kommen kleinere Werte vor, so muß nach Vorgabe der Stellpriorität zuerst der Regelscheibenneigungswinkel (hier Priorität 1) so lange verringert werden, bis der Eckenzahlenbereich mit $w < 10$ nur noch in der Einlaufzone auftritt. Reicht der Stellbereich von α_r nicht aus, so muß die Schleifscheibenbreite zusätzlich reduziert werden. Sollten sich auch damit noch Wellenzahlen $w < 10$ nicht ausschließen lassen, ist der Programmablauf für einen geänderten Auflagewinkel erneut zu starten. Entsprechend muß bei der Überprüfung des voraussichtlich entstehenden Werkstückprofils innerhalb der Ausfunk- bzw. Einlaufzone verfahren werden. Wie dem Beurteilungskriterium zu entnehmen ist, ist der Wellenzahlbereich in der Ausfunkzone mit $w > 15$ stark eingeschränkt. Dies ist notwendig, um die geforderte Rundheit zu erreichen. Dagegen können in der Einlaufzone auch kleinere Wellenzahlen auftreten, da hier nur Durchmessertoleranzen egalisiert werden und die nachfolgende restliche Schleifbreite eine eventuell entstandene 5-Eckform wieder abbaut.

Am Ende der Optimierung steht ein Katalog zur Verfügung, der innerhalb der vorgegebenen Grenzen all diejenigen Maschineneinstellungen enthält, bei denen die geforderten minimalen Wellenzahlen der verschiedenen Schleifscheibenzonen nicht unterschritten werden. Neben der Ausgabe der Höhenlagen und ihren angepaßten Stellwerten, erfolgt der Ausdruck der mittleren Wellenzahl und des mittleren Stabilitätsgrads, so daß in der Arbeitsvorbereitung anhand der ausgegebenen Kriterien die Höhenlage ausgewählt werden kann.

8.2 Entwicklung eines Rundheitsmodells

In den beiden nachfolgenden Unterabschnitten soll ausgehend von den Versuchsergebnissen der Kapitel 6.1 - 6.1.3 ein Rundheitsmodell vorgestellt werden, das eine externe Vorgabe von Einstelldaten gestattet, bei denen eine vorgegebene Kreisformabweichung nicht überschritten wird. Grundlage dafür ist der ungestörte Rundungsprozeß, dessen Ablauf die Bilder 30 - 33 zeigen.

Allerdings muß auch die Dynamik mit einbezogen werden, um eine vollständige mathematische Prozeßbeschreibung zu erhalten. Dies geschieht einerseits durch Berücksichtigung der an der Versuchsmaschine vorgenommenen Modalanalyse und der daraufhin durchgeführten Schleifversuche. Andererseits sind die Untersuchungen der Kreisformabweichung und des Rundungsprozesses bei erhöhter Vorschubgeschwindigkeit hinzuzuziehen. So ist es möglich eine Bestimmung der Grenzdrehzahlen des Werkstücks und damit der maximal zulässigen Geschwindigkeit v_t vorzunehmen.

Exemplarisch soll dies am Beispiel des Durchmessers d_w = 22 mm (gilt für Bereich d_w = 20 - 25 mm) durchgeführt werden. Bei einer Übertragung auf andere Durchmesserbereiche müssen vorher stichpunktartig Schleifversuche stattfinden, um sowohl die Konstanten des Rundheitsmodells anzupassen als auch die dynamischen Grenzen neu zu bestimmen.

8.2.1 Ungestörter Rundungsprozeß

Aufgrund der in den Bildern 30 bis 33 dargestellten Versuchsergebnisse lassen sich im Hinblick auf den Rundungsprozeß folgende Stell- und Kenngrößen nennen

- Werkstückdurchmesser d_w
- Anfangskreisformabweichung f_{k0}
- Überschliffzahl U und
- Zustellung pro Umdrehung a.

Das Arbeitsergebnis wird durch die nach der Bearbeitung vorliegende Kreisformabweichung f_k beschrieben. Angemerkt seien an dieser Stelle nochmals die Voraussetzungen für die ermittelten Kurvenverläufe der bez. Kreisformabweichung.

1. Es sind nur geringe Vorschubgeschwindigkeiten v_t zugelassen.
2. Hinsichtlich der geometrischen Stabilität ist auf eine Höhenlage zu achten, die optimalen Stabilitätsgrad- und Wellenzahlverlauf über der Schleifbreite besitzt.

Zur Beschreibung der Zusammenhänge zwischen bez. Kreisformabweichung und Überschliffzahl wurde auf Grund der vorliegenden Kurvenverläufe ein Ansatz der Form

$$f_k/f_{k0} = C_1 \frac{1}{U} + C_3 \qquad (92)$$

gewählt, wobei für den Faktor C_1 und die additive Konstante C_3 gelten muß

$$C_i = f\,(a, f_{k0}) \qquad (93)$$

In beiden Fällen wurden daraufhin die Werte für C_1 und C_3 in Abhängigkeit von Zustellung und Anfangskreisformabweichung für jede Kurve ermittelt.

Für den Faktor C_1 ergaben sich die im oberen Teil des Bildes 59 aufgetragenen Werte. Bei einem Regressionsansatz mit

$$C_1 = C_2 \, a^{\varepsilon_1} + C_4 \qquad (94)$$

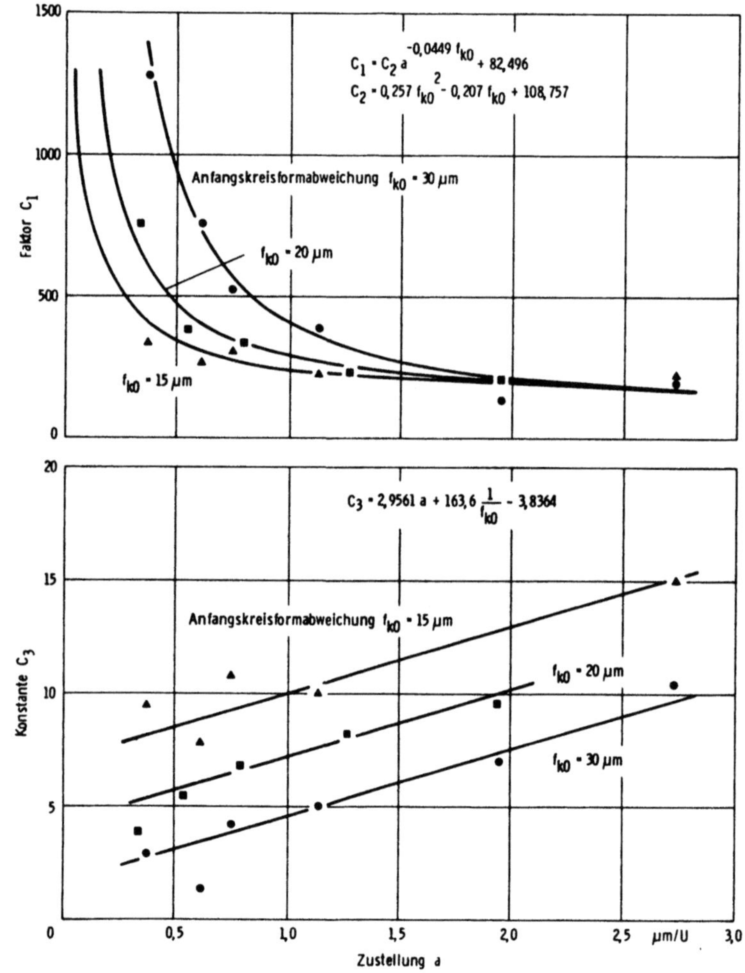

Bild 59: Zur Herleitung der mathematischen Beschreibung des Rundungsprozesses

berechneten sich die Größen C_2, C_4 und ε_1 zu

$$C_2 = 0{,}257\, f_{k0}^2 - 0{,}207\, f_{k0} + 108{,}757$$

$$C_4 = 82{,}496 \qquad (95)$$

$$\varepsilon_1 = - 0{,}0449\, f_{k0}.$$

Die mit den Gl. (94) und (95) ermittelten Ausgleichskurven sind ebenfalls in Bild 59 aufgezeichnet und wie zu erkennen ist, stellen sie eine ausreichend genaue Verbindung der einander zuzuordnenden C_1-Werte dar.

In ähnlicher Weise konnte mit der Konstanten C_3 verfahren werden, deren Daten in der unteren Hälfte von Bild 62 aufgetragen sind. Hier wurde folgender Ansatz gewählt

$$C_3 = C_5 a + C_6 \frac{1}{f_{k0}} + C_7 \qquad (96)$$

und die Werte bestimmt zu

$$C_5 = 2{,}9561$$

$$C_6 = 163{,}603 \qquad (97)$$

$$C_7 - 3{,}8364$$

Auf diese Art ist nun eine mathematische Beschreibung für die Abnahme der bez. Kreisformabweichung mit zunehmender Überschliffzahl möglich. Dabei wird durch die Berücksichtigung der Anfangskreisformabweichung f_{k0} sowie des Zustellbetrages a auch dem unterschiedlichen Niveau des stationären Endzustandes Rechnung getragen.

In Bild 60 sind als Beispiel die Funktionswerte der Modellfunktion für f_{k0} = 30 µm bei verschiedenen Zustellungen dargestellt. Zusätzlich sind

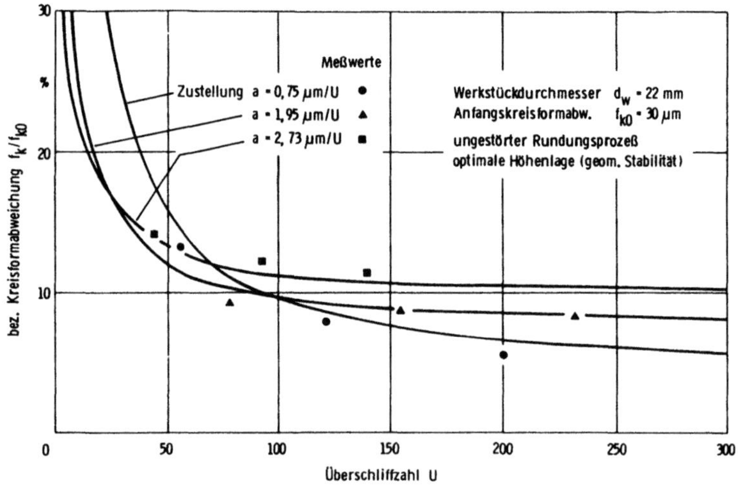

Bild 60: Abnahme der Kreisformabweichung mit der Überschliffzahl
- Funktions- und Meßwerte -

für a = 0, 75 ; 1, 95 und 2, 73 µm/U die Meßpunkte der experimentellen Untersuchungen eingetragen. Es zeigt sich dabei eine gute Übereinstimmung von Funktions- und Meßwerten, die durch eine maximale Abweichung von 10 % gekennzeichnet ist.

Im folgenden wird die Nutzung dieser Modellfunktion zur Vorgabe von Stelldaten erläutert.

Die Daten für den Werkstückdurchmesser d_w und das Aufmaß z sind bei jedem beliebigen Bearbeitungsfall als bekannte Festwerte vorauszusetzen. Schwieriger wird es bei der Anfangskreisformabweichung f_{k0}, die sich aufgrund vorgelagerter Bearbeitungsstufen ergibt. Als Zielgröße kann die angestrebte bzw. maximal zulässige Kreisformabweichung f_k vorgegeben werden.

Damit ist die bez. Kreisformabweichung f_k/f_{k0} bestimmt. Die Zusammenhänge zwischen den Stellgrößen z, d_w und den im Modell enthaltenen Kenngrößen U und a lassen sich aus Bild 8 herleiten. Es gilt

$$U = \frac{1}{\pi d_w} \frac{b_{seff}}{\tan \alpha_r} \tag{98}$$

und

$$a = \frac{z \pi d_w}{2} \frac{\tan \alpha_r}{b_{seff}} \tag{99}$$

Demnach läßt sich die Modellfunktion auch in Abhängigkeit der prozeßrelevanten Stellgrößen

- effektive Schleifbreite b_{seff} und
- Regelscheibenneigungswinkel α_r

darstellen. Durch Einsetzen der Gl. (94 - 99) in Gl. (92) und Umformen erhält man

$$K_1 = K_2 \left(\frac{\tan \alpha_r}{b_{seff}} \right)^{\varepsilon_2} + K_3 \left(\frac{\tan \alpha_r}{b_{seff}} \right) \tag{100}$$

mit

$$K_1 = \frac{1}{\pi d_w} \left(\frac{f_k - C_6}{f_{k0}} - C_7 \right) \tag{101}$$

$$K_2 = C_2 \left(\frac{z \pi d_w}{2} \right)^{\varepsilon_1} \tag{102}$$

$$K_3 = C_4 + C_5 \frac{z}{2} \tag{103}$$

$$\varepsilon_2 = \varepsilon_1 + 1 \tag{104}$$

Mit der vorliegenden Gl. (100) können demzufolge bei Vorgabe der Daten für Aufmaß, Werkstückdurchmesser, Anfangs- und Endkreisformabweichung die Paarungen α_r und b_{seff} bestimmt werden, die die Forderung nach der gewünschten Kreisformabweichung erfüllen. Dabei muß entweder der Stellwert des Regelscheibenneigungswinkels oder der wirksamen Schleifzone als Eingangsgröße bekannt sein, um dann die zugeordnete andere Größe zu berechnen. Allerdings kann dies nicht direkt vorgenommen werden, da sich Gl. (100) nicht nach α_r oder b_{seff} auflösen läßt; es muß ein Iterationsverfahren / 31 / angewendet werden.

Ist für einen Bearbeitungsfall keine Lösung in Form einer auf den betrachteten Schleifprozeß abgestimmten Paarung - α_r und b_{seff} - zu ermitteln, so muß das Aufmaß und/oder die Zielgröße f_k geändert werden, worauf dann ein erneuter Rechenlauf gestartet werden kann. Es wird damit in der Regel ein mehrstufiger Prozeß optimal ausgelegt werden müssen.

Im übrigen sei darauf hingewiesen, daß mit dem Regelscheibenneigungswinkel α_r und der effektiven Schleifbreite b_{seff} die gleichen Stellgrößen als Vorgabedaten ermittelt werden, die auch bei der Höhenlagenoptimierung (Kap. 8. 1) bereits angepaßt wurden. Es sind also beide Programmodule stets im Zusammenhang zu sehen. Hinsichtlich der Reihenfolge kann davon ausgegangen werden, daß mit der Höhenlage h zugleich α_r und β fest bestimmt werden, während im Hinblick auf die eigentliche Schleifzone noch Variationsmöglichkeiten bestehen. Allerdings darf die Einlaufzone b_{se} nicht mehr geändert werden, da hier auch Wellenzahlen kleiner 10 zugelassen sind, die in der nachfolgenden Schleifzone vermieden werden müssen.

Bisher ist nur der ungestörte Rundungsablauf mathematisch durch eine Modellfunktion beschrieben worden. Um aber auch im Bereich der Dynamik des spitzenlosen Schleifprozesses Vorgabedaten ermitteln zu können, muß dieser ebenfalls betrachtet und mathematisch erfaßt werden. Dazu sind die in den beiden folgenden Abschnitten (8.2.2 und 8. 3) vorgestellten Modelle entwickelt worden.

8.2.2 Miteinbeziehung erhöhter Werkstückdrehzahlen

Der Einfluß der Werkstückdrehzahl auf die Kreisformabweichung ist den Bildern 38 und 39 zu entnehmen. Auffallend ist, daß ab einer bestimmten, von der Zustellung abhängigen Drehzahl bzw. Vorschubgeschwindigkeit eine überproportionale Verschlechterung der Kreisformabweichung eintritt, während bis zu dieser Drehzahl etwa gleiche Werte für f_k vorliegen.

Bei kleineren Zustellungen läßt sich eine genaue Drehzahlgrenze nicht ermitteln, da hier ein gleichmäßig ansteigender Verlauf vorliegt. Es müssen deshalb die Bilder 36 und 37 hinzugezogen werden, in denen die Änderung von f_k über der Vorschubgeschwindigkeit aufgezeichnet ist. Die dort aufgetragenen Kurvenverläufe weisen auch für geringere Zustellbeträge einen Knick auf, so daß eine Grenzdrehzahl relativ genau festzulegen ist.

Anhand dieser Grenzdrehzahl kann ein Zusammenhang zwischen den Prozeßkenngrößen n_w und a hergestellt werden, über den dann die Grenzdrehzahl $n_{w\,grenz}$ in Abhängigkeit der jeweils vorliegenden Zustellung zu bestimmen ist. Werden die in den Schleifversuchen ermittelten Grenzdrehzahlen über ihren zugehörigen Zustellbeträgen aufgetragen, ergeben sich die in Bild 61 dargestellten Punkte. Diese können durch eine Ausgleichskurve der Form

$$n_{w\,grenz} = C_8 + C_9\, a \qquad (105)$$

mit

$$C_8 = 3525 \qquad C_9 = -450 \qquad (106)$$

genügend genau beschrieben werden. Dadurch liegen für den jeweiligen Bearbeitungsfall die maximale Werkstückdrehzahl und damit auch die Vorschubgeschwindigkeit fest.

Es gibt aber Einschränkungen, die beachtet werden müssen. Insbesondere ist der folgende Sachverhalt zu berücksichtigen:

- Die mit der Modalanalyse an der Versuchsmaschine ermittelten größten Nachgiebigkeitsfrequenzen von 60, 108 und 238 Hz dürfen mit der Dreh-

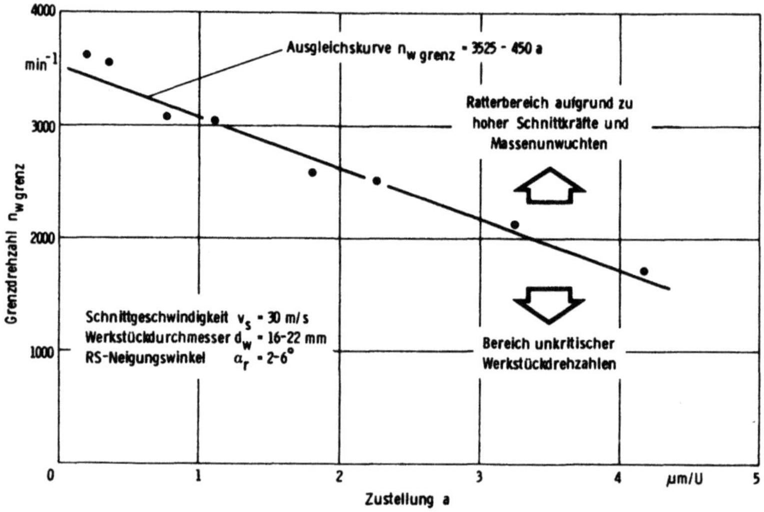

Bild 61: Zur Ermittlung der Grenzdrehzahl des Werkstücks in Abhängigkeit der Zustellung

frequenz des Werkstücks oder ganzzahligen Vielfachen davon nicht übereinstimmen.

Hinsichtlich des ganzzahligen Vielfachen ist außerdem anzumerken, daß es im Werkstückdurchmesserbereich $d_W < 30$ mm nicht mit den auf Grund der geometrischen Schleifspaltkonfiguration berechneten bevorzugt auftretenden Wellenzahlen übereinstimmen darf. Dagegen soll das Frequenzverhältnis bei $d_W > 30$ mm keine ganze Zahl annehmen, da sich sonst die entsprechende Eckenzahl auf dem Werkstückumfang ausbildet, wie dies die in Bild 27 dargestellten Untersuchungsergebnisse mit $d_W = 46$ mm zeigen.

Neben diesen auszuschließenden Drehzahlen gibt es weitere Einschränkungen des Werkstückdrehzahlbereichs. Sie sind aufgrund der geforderten Oberflächengüte bestimmt und können über das im nächsten Abschnitt entwickelte Rauheitsmodell quantitativ festgelegt werden.

8.3 Entwicklung eines Rauheitsmodells

Hierzu wird auf Untersuchungen von Bierlich / 32 / und Böttler / 33 / zurückgegriffen, die aufgrund einer engen Korrelation zwischen Schnittkraft und Werkstückrauheit eine Modellfunktion zwischen den beiden genannten Größen entwickelt haben. Bierlich nutzte diesen Zusammenhang beim Aufbau eines adaptiven Regelungssystems für das Außenrund-Umfangs-Querschleifen, indem er eine Funktion der Form

$$R_a = K_4 \cdot F_n'^{\,\delta_1} \cdot v_s^{\,\delta_2} \qquad (107)$$

angab. Böttler leitete einen allgemeinen Ansatz für die Schnittkraft her

$$F_n' = K_5\, a^{\delta_3} \cdot v_w^{\delta_4} \cdot v_s^{\delta_5} \cdot V_w'^{\,\delta_6} \cdot d_{se}^{\delta_7} \qquad (108)$$

der durch Einsetzen in Gl. (107) zu

$$R_a = K_6\, a^{\varkappa_1}\, v_w^{\varkappa_2} \cdot v_s^{\varkappa_3} \cdot V_w'^{\,\varkappa_4} \cdot d_{se}^{\varkappa_5} \qquad (109)$$

führt.

Jedoch kann die in Gl. (109) dargestellte Modellfunktion für das spitzenlose Durchlaufschleifen in dieser Form nicht genutzt werden.

Wie Bild 18 zeigt, liegen für $n_w \rightarrow 0$ in Abhängigkeit des Zustellbetrages unterschiedliche Grundrauheiten vor, die mit Gl. (109) nicht erfaßt werden können. Darüberhinaus gilt für den hier betrachteten Werkstückdurchmesserbereich

$$d_w \ll d_s \quad , \qquad 109$$

so daß der äquivalente Schleifscheibendurchmesser d_{se}

$$d_{se} = \frac{d_s \cdot d_w}{d_s + d_w} \approx d_w \qquad (111)$$

ungefähr dem Werkstückdurchmesser entspricht.

Mit

$$v_w = \pi \, n_w d_w \qquad (112)$$

erhält man

$$R_a = R_{a\,grund} + C_{10}\, a^{\varepsilon_3} \cdot n_w^{\varepsilon_4} \cdot d_w^{\varepsilon_5} \cdot v_s^{\varepsilon_6} \cdot V_w'^{\varepsilon_7} \qquad (113)$$

Aus Bild 48 geht hervor, daß die Grundrauheit von der Zustellung abhängt. Es müssen der Vollständigkeit halber aber auch der Werkstückdurchmesser und die Schnittgeschwindigkeit berücksichtigt werden. Das bez. Zerspanungsvolumen V_w' ist zu Prozeßbeginn gleich Null zu setzen. Damit ergibt sich nun folgende Beziehung

$$R_{a\,grund} = C_{11}\, a^{\varepsilon_8} \cdot d_w^{\varepsilon_9} \cdot v_s^{\varepsilon_{10}} \qquad (114)$$

Da im vorliegenden Fall für alle Versuche die Schnittgeschwindigkeit mit v_s = 30 m/s und auch der Werkstückdurchmesser d_w nur im Bereich von 16 bis 22 mm variiert wurde, gilt

$$R_a = C_{11}\, a^{\varepsilon_8} + C_{10}\, a^{\varepsilon_3} \cdot n_w^{\varepsilon_4} \cdot V_w'^{\varepsilon_7} \qquad (115)$$

Auch das bez. Zerspanungsvolumen V_w' kann aus Gl. (115) eliminiert werden, da sämtliche Mittenrauhwerte aufgrund eines Schleifprozesses ohne Ausfunkzone erzielt worden sind. Dieser Fall tritt in der industriellen Praxis erst dann auf, wenn sich die effektive Schleifzone über die gesamte Scheibenbreite erstreckt, die Ausfunkzone also durch den in Durchlaufrichtung wandernden Verschleiß mehr und mehr verschwindet. Demzufolge geben die ermittelten R_a-Werte diejenigen Werte wieder, mit denen maximal zu rechnen ist.

Die endgültige Modellfunktion lautet daher

$$R_a = C_{11}\, a^{\varepsilon_8} + C_{10}\, a^{\varepsilon_3}\, n_w^{\varepsilon_4} \tag{116}$$

Die mittels einer Regression bestimmten Werte für die beiden Konstanten und die Exponenten berechnen sich wie folgt

$$\begin{aligned} C_{10} &= 6,499 \cdot 10^{-6} \\ C_{11} &= 0,456 \\ \varepsilon_3 &= 0,571 \\ \varepsilon_4 &= 1,348 \\ \varepsilon_8 &= 0,5 \end{aligned} \tag{117}$$

In Bild 62 ist die Auswertung der Funktion gezeigt. Der besseren Übersicht wegen sind Meßwerte für lediglich drei verschiedene Zustellbeträge eingetragen. Die Standardabweichung zwischen Meß- und Funktionswerten beträgt 5,7 %.

Bei der Verwendung des Rauheitsmodells zur Vorgabe und Bestimmung der maximalen Werkstückdrehzahl, muß die Gl. (116) zunächst umgestellt werden.

$$n_{w\,max} = \sqrt[\varepsilon_4]{K_7} \tag{118}$$

mit

$$K_7 = \frac{R_a - C_{11} a^{\varepsilon_8}}{C_{10} a^{\varepsilon_3}} \tag{119}$$

Somit ist es nun möglich, die maximal zulässige Werkstückdrehzahl aufgrund der vorgegebenen Zielgröße R_a zu berechnen. Innerhalb der gesamten mathematischen Prozeßbeschreibung muß $n_{w\,max}$ aber noch der in

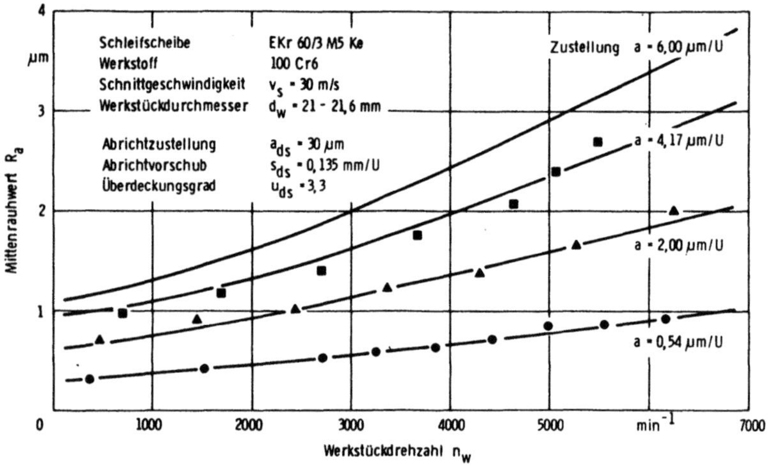

Bild 62: Änderung des Mittenrauhwertes über der Werkstückdrehzahl - Funktions- und Meßwerte -

Kap. 8.2.2 ermittelten Grenzdrehzahl $n_{w\ grenz}$ gegenübergestellt werden, um so die im Hinblick auf das Arbeitsergebnis endgültige und optimale Werkstückdrehzahl festlegen zu können.

Voraussetzung der hier vorgestellten Berechnung sind die auf die jeweilige Schleifscheibenspezifikation und den vorliegenden Abrichtwerkzeugzustand abgestimmten Abrichtbedingungen (siehe Abschnitt 5.4), so daß zugleich mit der Drehzahlberechnung auch eine Angabe der Stellgrößen

- Abrichtzustellung a_{ds} und
- Abrichtvorschub s_{ds}

vorgenommen werden sollte.

Darüberhinaus ist der Konstanten C_{11} als Sicherheitszugabe ein der Standardabweichung entsprechender Wert zuzuschlagen. Der Funktionsverlauf wird dadurch zu größeren Rauheiten hin verschoben, so daß bei der Festlegung der Drehzahl entsprechend geringere Werte ermittelt werden.

8.4 Kostenberechnung

Nachdem in den vorangegangenen Abschnitten die rein technologische Seite des spitzenlosen Durchlaufschleifens betrachtet und durch Modellfunktionen beschrieben worden ist, soll nun das Programmodul zur Kostenberechnung vorgestellt werden.

Eine Übersicht des Rechenprogramms zeigt Bild 63.

Die Eingangsdaten sind in vom Programmbenutzer vorzugebende variable und in fest definierte Werte unterteilt. Zur Verarbeitung der in großer Zahl erforderlichen Festwerte (siehe Kap. 7.) werden durch Unterprogramme Dateien geschaffen, die die entsprechenden Konstanten am Programmstart dem Hauptprogramm übergeben. Auf diese Art und Weise ist außerdem gewährleistet, daß jederzeit andere, anwendungsbezogene und betriebstypische Daten eingesetzt werden können.

Die Vorgabewerte sind bei jedem neuen Programmstart im Dialog dem Rechner einzugeben. Es sind dazu Angaben hinsichtlich Vor- und Fertigschliff zu machen, damit programmintern den Funktionen der Abrichtmodelle die entsprechenden Konstanten zugewiesen werden können. Darüberhinaus ist eine vollständige Beschreibung der Werkstückgeometrie mit Werkstückdurchmesser d_w, -länge l_w, Bearbeitungslänge l und Aufmaß z notwendig. Zu den Daten, die das Werkstück betreffen, gehört zudem noch die Losgröße L.

Als Stellwerte sind lediglich die Regelscheibendrehzahl, der Regelscheibenneigungswinkel und die effektive Schleifbreite festzulegen, wobei diese Werte aus der vorangegangenen technologischen Optimierung übernommen werden können.

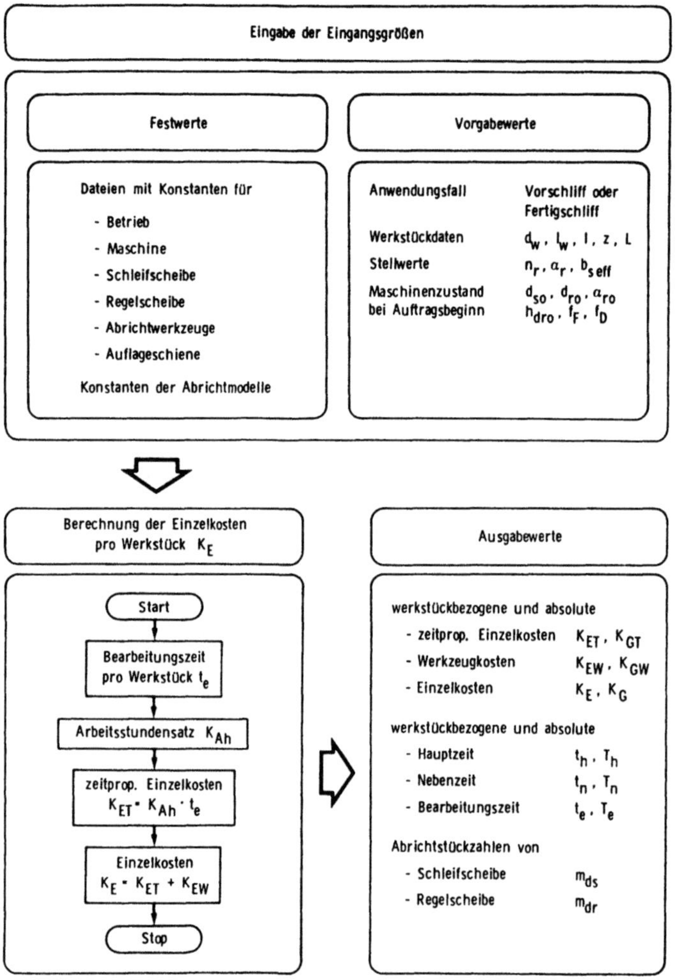

Bild 63: Übersicht des Programms zur Kostenberechnung

Die Schnittgeschwindigkeit oder aber die Abrichtbedingungen werden durch die Konstanten des Abrichtmodells erfaßt, so daß sie als fest vorgegebene Daten anzusehen sind.

Ein weiterer wichtiger Vorgabedatenblock umfaßt die Werte, die den Maschinenzustand vor Auftragsbeginn beschreiben. Hier sind zu nennen

- Ausgangsschleifscheibendurchmesser d_{so}
- Ausgangsregelscheibendurchmesser d_{ro}
- Ausgangsneigungswinkel der RS α_{ro}
- Ausgangsabrichthöhenlage h_{dro}
- vorhandene Abrichtplattenlänge f_F (in %) und
- Zustand des Einkorndiamanten f_D (in %).

Die Eingabe der Eingangsgrößen ist damit beendet.

Wie Bild 63 zeigt, wird danach zunächst die Bearbeitungszeit pro Werkstück t_e berechnet, wozu die in den Kapiteln 7.2.2 und 7.2.2.1 hergeleiteten Formeln benutzt werden. Über die Bestimmung des Arbeitsstundensatzes lassen sich dann die zeitproportionalen Einzelkosten ermitteln, die zusammen mit den Werkzeugkosten (Kap. 7.3 - 7.3.3) die Einzelkosten pro Werkstück ergeben.

Als Ausgabewerte erscheinen zusätzlich zu den werkstückbezogenen Kosten, die als primäres Ziel der Berechnungen anzusehen sind, noch die Absolutkosten, sowie eine Aufstellung der zur Auftragsbearbeitung notwendigen Zeiten und die Abrichtstückzahlen von Schleif- und Regelscheibe. Durch diese erweiterte Information kann auf Zusammenhänge zwischen den auftretenden Kosten und den Verhältnissen der einzelnen Zeiten zueinander geschlossen und die Übereinstimmung der Abrichtmodelle mit der Praxis überprüft werden.

Im weiteren werden nun einige Berechnungsergebnisse des Programms vorgestellt. Es wurden die folgenden Stellwerte konstant gehalten:

- RS-Neigungswinkel $\alpha_r = \alpha_{ro} = 4^0$
- Schnittgeschwindigkeit $v_s = 30\ m/s$
- Schleifscheibenbreite $b_s = 300\ mm$

- Abrichtzustellung SS $a_{ds} = 30\ \mu m$
- gesamte Abrichtzustellung SS $a_{ds\,ges} = 120\ \mu m$
- Abrichtvorschub SS $s_{ds} = 0,1\ mm/U$
- Abrichtdrehzahl SS $n_{ds} = 1000\ min^{-1}$

- Abrichtzustellung RS $a_{dr} = 12,5\ \mu m$
- gesamte Abrichtzustellung RS $a_{dr\,ges} = 62,5\ \mu m$
- Abrichtvorschub RS $s_{dr} = 0,2\ mm/U$
- Abrichtdrehzahl RS $n_{dr} = 500\ min^{-1}$

Während α_r, v_s und b_s die Abrichtmodellkonstanten direkt oder indirekt mitbestimmen, legen die Datenblöcke zum Abrichten der Schleif- bzw. Regelscheibe in erster Linie die Werkzeugkosten und die Abrichtzeiten sowie die Häufigkeit der Werkzeugwechsel fest. Sie wurden festgesetzt aufgrund von Verschleißuntersuchungen beim spitzenlosen Durchlaufschleifen.

Die werkstückbezogenen Kosten K_{ET} (zeitproportional) und K_{EW} (werkzeugproportional) sind in <u>Bild 64</u> für ein Bearbeitungsbeispiel mit Schruppbedingungen (Aufmaß $z = 0,25\ mm$) dargestellt. Die Vorschubgeschwindigkeit wurde zu $v_t = 4\ m/min$ bestimmt und die effektive Schleifbreite zu $b_{seff} = 160\ mm$. Im Gegensatz zu den in dieser Arbeit beschriebenen Einstellungen ist b_{seff} kurz gewählt worden, um praxisnahe Bedingungen zu schaffen.

Zum Verlauf der Kosten ist festzustellen, daß sie mit zunehmender Losgröße sinken und ab 60.000 Stück eine minimale Kostengrenze erreicht haben. Während die zeitproportionalen Einzelkosten K_{ET} kontinuierlich auf ihr Minimum abfallen und dort verharren, liegt bei den Werkzeugkosten

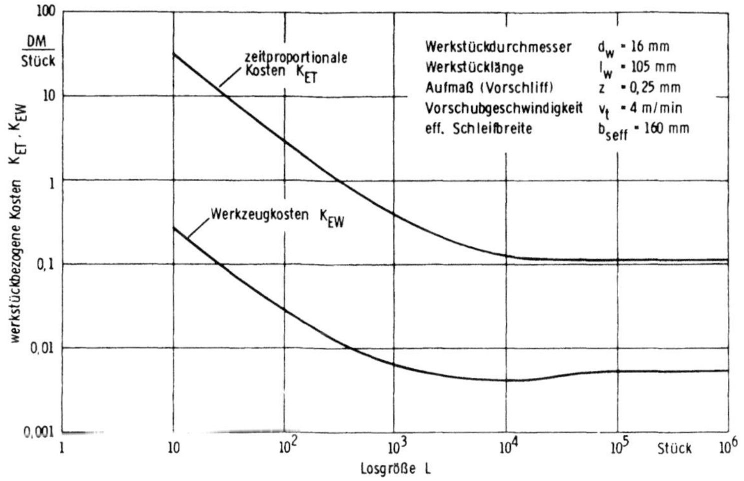

Bild 64: Verlauf der werkstückbezogenen Kosten über der Losgröße

der kleinste Wert bei einer Losgröße von L = 13.000 Stück vor und steigt danach wieder geringfügig an. Diese Stückzahl ist im vorliegenden Fall gleich der Abrichtstückzahl der Regelscheibe m_{dr}, so daß die dann anfallenden Abrichtwerkzeug- und Regelscheibenkosten den Anstieg der werkzeugproportionalen Kosten verursachen. Allerdings beträgt der Anteil der Werkzeugkosten an den Einzelkosten K_E pro Werkstück in diesem Bereich nur etwa 3 % und erreicht bei L = 10^5 Werkstücken sein Maximum mit 5,2 %.

Wird für das oben beschriebene Arbeitsbeispiel die Hauptzeit auf die gesamte Bearbeitungszeit der jeweiligen Losgröße bezogen, so ergibt sich der in Bild 65 skizzierte Verlauf. Wie erwartet ergibt sich bei kleinen Stückzahlen nur ein geringer Hauptzeitanteil, da der Einfluß von Rüst- und Nebenzeiten zur Vorbereitung und Einstellung der Maschine sehr groß ist. Erst im Bereich einer Losgröße von 5.000 bis 10.000 Stück wird eine für die industri-

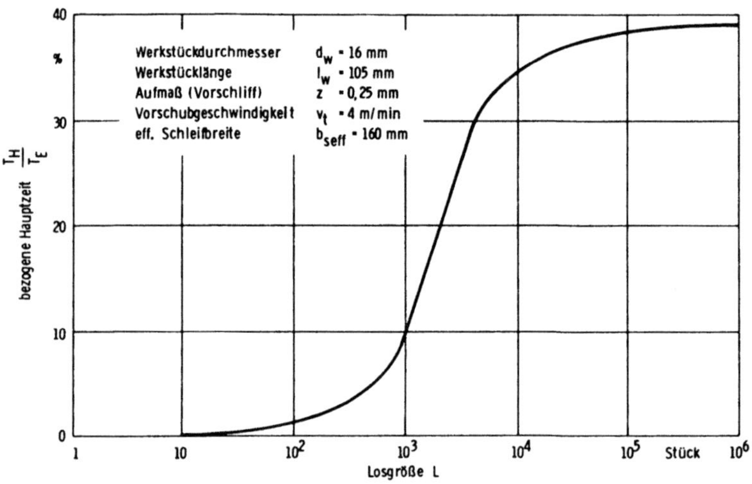

Bild 65: Zunahme des Hauptzeitanteils an der Bearbeitungszeit mit der Losgröße

elle Praxis akzeptable Hauptzeit erreicht. Das Maximum liegt ab $L = 10^5$ Werkstücken bei 38 % und entspricht für diesen Bearbeitungsfall Vergleichsdaten aus der Industrie.

Ein anderes Arbeitsbeispiel ist in Bild 66 gezeigt. Hier sind ein- und zweistufiger Schleifprozeß im Hinblick auf die Kosten gegenübergestellt, wobei die Stufenzahl des Prozesses beim betrachteten Beispiel identisch mit der Anzahl der Durchläufe ist. Da die geforderten Zielkriterien zu berücksichtigen sind, muß im einstufigen Prozeß das den Fertigschliffbedingungen eigentlich wiedersprechende Gesamtaufmaß z = 0, 2 mm zerspant werden. Die sich daraus ergebenden kleinen Abrichtintervalle bedingen die im Sättigungsbereich ($L \geq 10^4$ Stück) wesentlich höheren werkstückbezogenen Einzelkosten K_E, die etwa den 3-fachen Wert erreichen. Allerdings liegt im Bereich bis zu einer Stückzahl von 1.000 der einstufige Pro-

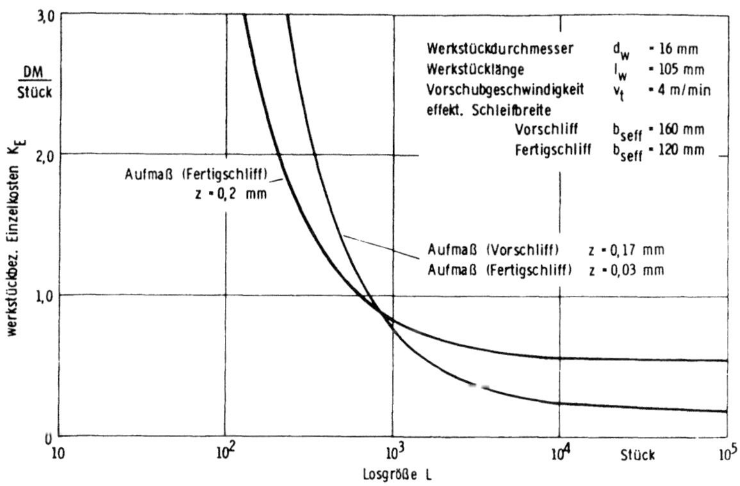

Bild 66: Gegenüberstellung der werkstückbezogenen Einzelkosten in Abhängigkeit von der Losgröße bei ein- und zweistufigem Schleifprozeß

zeß günstiger (Bild 66), und erst danach kommen die oben beschriebenen Auswirkungen zum Tragen. Die hier ausgewählten Ergebnisse der Kostenberechnung zeigen, daß, auch wenn nur realistische Schätzwerte für Fixkosten und Vorgabezeiten eingesetzt werden, die kostenwirksamen Anteile und Zeiten des Herstellungsprozesses qualitativ und quantitativ richtig erfaßt werden. Dem Anwender ist damit ein Hilfsmittel an die Hand gegeben, Möglichkeiten und Ansatzpunkte für eine Kostenoptimierung zu erkennen und in der Praxis entsprechende Verbesserungen vorzunehmen.

9. Optimierungsstrategie und Richtwertvorgabe

Die erarbeiteten Hilfsmittel zur Teiloptimierung werden abschließend zu einer umfassenden Optimierungsstrategie zusammengefaßt.

Zu Beginn sind zunächst die im folgenden aufgeführten Eingangsgrößen vorzugeben

- Werkstückgeometrie mit
  - Werkstückdurchmesser d_{wo}
  - Werkstücklänge l_w
  - Bearbeitungslänge l
  - Aufmaß z
  - Anfangskreisformabweichung f_{k0}
- Losgröße des Auftrags L
- Zielgrößen des Arbeitsergebnisses mit
  - Endkreisformabweichung f_k
  - Mittenrauhwert R_a
- Zustand der Werkzeuge vor Auftragsbeginn
  - Durchmesser d_{so}, d_{ro}
  - Breite b_s, b_r
  - Regelscheiben-Neigungswinkel α_{ro}
  - Höhenlage des Abrichtwerkzeugs h_{dro}
  - Wirkbreite der Abrichtwerkzeuge b_{ds}, b_{dr}
  - Abrichtwerkzeugzustand f_F, f_D
- Spezifikation von Schleif- und Regelscheibe
- Schnittgeschwindigkeit v_s
- Abrichtdrehzahl der Regelscheibe n_{rd}

Der Eingabedatenblock ist damit abgeschlossen und die eigentliche Optimierung und Richtwertvorgabe kann im Dialogbetrieb - Rechner, Bedienungsmann - vorgenommen werden.

Auf der Basis der geometrischen Stabilitätstheorie erfolgt zuerst die Optimierung der Höhenlage h, wie sie in Kapitel 8.1 vorgestellt wurde. Gleichzeitig wird eine vorläufige Anpassung der Stellwerte α_r, b_{se}, b_{seff}, b_{sa} und β vorgenommen. Da in der Regel mehrere Kombinationen der Stellwerte vorkommen, sind zusätzliche Auswahlkriterien in Form des mittleren Stabilitätsgrades und der mittleren Wellenzahl anzugeben. Mit dem in Abschnitt 8.2.1 entwickelten Rundheitsmodell werden dann die Paarungen α_r und b_{seff} ausgewählt, die die Forderung nach der gewünschten Kreisformabweichung erfüllen. Dabei wird entweder α_r oder b_{seff} vorgegeben und mittels eines iterativen Rechenalgorithmus die andere Stellgröße entsprechend bestimmt.

Ist für den Bearbeitungsfall keine Lösung in Form einer auf den Schleifprozeß abgestimmter Paarung α_r und b_{seff} zu ermitteln, so muß das Aufmaß z und die Zielgröße f_k geändert, d.h. erneut vorgegeben werden, um dann einen zwei- oder mehrstufigen Schleifprozeß optimal auslegen zu können.

Da bisher nur der ungestörte Rundungsablauf, also kleine Werkstückdrehzahlen n_w mit der Modellfunktion erfaßt wurden, müssen nun auch die Grenzen der Werkstückdrehzahl bestimmt werden. Als optimal wird dabei die aus technologischer Sicht vertretbare obere Grenze des Drehzahlbereiches angegeben. Inwieweit dies auch im Hinblick auf die Wirtschaftlichkeit gilt muß die sich anschließende Kostenberechnung zeigen.

Die Drehzahlbestimmung sollte in drei Schritten vorgenommen werden:

- Zunächst ist die Grenzdrehzahl $n_{w\,grenz}$ zu bestimmen, oberhalb der aufgrund von zu hohen Schnittkräften (bei großen Zustellbeträgen) oder/und von zu hohen Massenkräften Rattererscheinungen auftreten, die das Arbeitsergebnis negativ beeinflussen (Kap. 8.2.2).

- In einem zweiten Schritt ist die maximal zulässige Drehzahl zu berechnen, die die gewünschte Oberflächenqualität noch gewährleistet. Dazu ist das in Abschnitt 8.3 entwickelte Rauheitsmodell heranzuziehen.
- In einer Gegenüberstellung von $n_{w\,grenz}$ und $n_{w\,max}$ ist die kleinere Drehzahl als optimal festzulegen. Allerdings müssen jetzt noch Einschränkungen des Werkstückdrehzahlbereichs berücksichtigt werden. Diese folgen aus der an der jeweiligen Maschine vorgenommenen Modalanalyse, bei der die Nachgiebigkeitsfrequenzen ermittelt wurden, aus denen sich Obergrenzen für die Werkstückdrehzahl ergeben.

Nach Beendigung dieser Berechnung kann nun die Regelscheibendrehzahl n_r sowie die Vorschubgeschwindigkeit v_t bestimmt werden. Zum Schluß der Richtwertvorgabe werden dann die Abrichtbedingungen für Schleif- und Regelscheibe festgelegt. Während bei der Schleifscheibe nur Zustellung und Abrichtvorschub berechnet werden müssen, sind für die Regelscheibe alle in Bild 13 aufgezählten Stelldaten zu ermitteln.

Damit kann die technologische Optimierung als abgeschlossen gelten, man kann zur Kostenbetrachtung übergehen. Hier wird das in Kapitel 8.4 vorgestellte Rechenprogramm gestartet, um eine Berechnung der Kosten und Fertigungszeiten vorzunehmen, so daß eine endgültige Wahl der Maschineneinstellungen möglich wird.

10. Zusammenfassung

Die technologischen und wirtschaftlichen Vorzüge des Schleifens im spitzenlosen Durchlaufverfahren können in der industriellen Fertigung oftmals nicht voll genutzt werden, weil die Prozeßtechnologie Eigenheiten besitzt, die in ihrer Komplexität empirisch nur schwer zu beherrschen sind.

Daher wurde eine Analyse des Durchlaufschleifens vorgenommen, die ausgehend von den verfahrenstypischen Grundlagen Wege zu einer systematischen Maschineneinstellung eröffnet. Es mußten zunächst die den Prozeß kennzeichnenden Größen definiert und strukturiert werden. Auf der Basis der System- und Stellgrößen konnte im weiteren eine Herleitung der prozeßbeschreibenden Kenngrößen durchgeführt werden.

Technologische Gesetzmäßigkeiten im Hinblick auf die Schleifspalteinstellung wurden bei der Funktionsanalyse in folgenden Bereichen untersucht.

- Ein Vergleich des Schneideneingriffs im Gleich- und Gegenlauf von Schleifscheibe und Werkstück stellte Besonderheiten des spitzenlosen Schleifens heraus.
- Unter dem Gesichtspunkt der Werkstückführung in radialer Richtung folgte der Bezug von Schleifscheiben- und Regelscheibentangentenwinkel als wichtige geometrische Größen auf die dreidimensionalen Verhältnisse des Durchlaufschleifens.
- Die Betrachtung der axialen Werkstückführung und der resultierenden Zylinderformabweichungen zeigte Funktionskriterien und Realisierungsmöglichkeiten bei der Schleifspaltgestaltung auf.
- Eine Gegenüberstellung der konventionellen Regelscheibe und des von Meis / 3, 4 / entwickelten symmetrischen Rotationshyperboloids als Regelscheibenform stellte die wirtschaftlichen Vorzüge der symmetrischen Form hinsichtlich Abricht- und Werkzeugkosten dar und grenzte die Einsatzgebiete beider Regelscheibenkonturen ab. Dabei wurde als Kriterium die Führungsgenauigkeit herangezogen und berechnet.

Zur Klärung der Randbedingungen für die umfangreichen praktischen Versuche wurde die Modalanalyse der Versuchsmaschine vorgestellt. Die weiterhin vorgenommene statische Vermessung der spitzenlosen Rundschleifmaschine diente zum einen den Schleifversuchen und stellte zum anderen die Basis für eine reproduzierbare und nullpunktsichere Einstellung dar. Eine Lösung zur objektiven Realisierung von Vorgabedaten durch Ausrüstung einiger Maschinenstellglieder mit digitalen Wegmeßgebern schloß sich an.

Die experimentellen Untersuchungen erfaßten dann Auswirkungen verschiedener Stellgrößen auf das Arbeitsergebnis, wobei die Kreisformabweichung geschliffener Werkstücke als wichtigster Bereich der Formgenauigkeit im Vordergrund stand. Es konnten verfahrensspezifische Abhängigkeiten aufgedeckt bzw. aufgrund vorangegangener Untersuchungen / 2, 3 / bestätigt und unter Einbeziehung der Werkstückabmessungen und der jeweils vorliegenden Schleifspaltgestalt auf geometrische und kinematische Prozeßkenngrößen zurückgeführt werden.

Das zweite wichtige Qualitätsmerkmal des Arbeitsergebnisses ist die Oberflächengüte des Werkstücks nach dem Schleifen. Daher wurde auch die Änderung des Mittenrauhwertes, als allgemeines Beurteilungskriterium der Oberflächenbeschaffenheit, in Abhängigkeit der Stell- und Kenngrößen ermittelt.

Zur Vervollständigung der technologischen Untersuchungen diente eine Kostenanalyse. Ziel dieses Untersuchungspunktes war zunächst eine möglichst weitgehende Erfassung aller verfahrensbezogenen kostenwirksamen Faktoren. Um diese Einflüsse richtig bewerten zu können, wurden Abrichtmodelle für Schleif- und Regelscheibe entwickelt. Diese bildeten die Basis der Kostenberechnung, da hier durch die realen Prozeßkenngrößen Abrichtintervalle und damit alle Werkzeugkosten und Abrichtzeiten sowie die Häufigkeit der Werkzeugwechsel innerhalb der Bearbeitung eines Loses vorausberechnet werden konnten.

Mit dieser technologischen und kostenmäßigen Betrachtung des Durchlaufschleifprozesses wird der Arbeitsvorbereitung ein Hilfsmittel an die Hand gegeben, einen geplanten Prozeß optimal auszulegen.

Um bei den Forschungsarbeiten den Erfordernissen der industriellen Praxis Rechnung zu tragen, wurde das Vorhaben in Zusammenarbeit mit dem Hersteller von spitzenlosen Rundschleifmaschinen, der Firma Herminghausen-Werke, Mühlheim/Main, und einem Anwender im Bereich der Wälzlagerfertigung, der Firma Industriewerke Schaeffler, Herzogenaurach, durchgeführt. Beiden Firmen gilt der Dank für ihre Mitarbeit und großzügige Unterstützung.

11. Literatur

1. Romanov, V. L. — Experimentelle Untersuchung der Formbildung beim spitzenlosen Schleifen
Issled. metallorez. Stankov, M. Masinostroenie (1968) S. 63 - 87

2. König, W., Schreitmüller, H., Hönscheid, W. — Untersuchung des spitzenlosen Schleifens
Forschungsberichte des Landes NRW, Nr. 2288
Westdeutscher Verlag, Opladen 1972

3. König, W., Hönscheid, W., Meis, F. U. — Leistungssteigerung beim spitzenlosen Durchlaufschleifen
Forschungsberichte des Landes NRW, Nr. 2540
Westdeutscher Verlag, Opladen 1976

4. Meis, F. U. — Geometrische und kinematische Grundlagen für das spitzenlose Durchlaufschleifen
Dissertation TH Aachen, 1980

5. Rowe, W. B. — Some studies of the Centraless Grinding Process with Particular Reference to the Roundness Accuracy
Ph. D.-Thesis, University of Manchester, 1964

6. Peklenik, J. — Ermittlung von geometrischen und physikalischen Kenngrößen für die Grundlagenforschung des Schleifens
Dissertation TH Aachen, 1957

7. Kassen, G. — Beschreibung der elementaren Kinematik des Schleifvorganges
Dissertation TH Aachen, 1969

8. Werner, G. — Kinematik und Mechanik des Schleifprozesses
Dissertation TH Aachen, 1971

9. Verkerk, J. — Wheelwear Control In Grinding
Dissertation TU Delft, 1976

10. Schleich, H. — Tiefschleifen von Schnellarbeitsstahl
Technologiearbeitskreis WZL, TH Aachen 1980

11. Ohisi, S., Furukawa, Y., Shiozaki, S., Okada, S. — The Design and Development of Creep Feed Grinding Machine and their Optimal Chilization in View of Workpiece Burning
Proc. of 20th Int. MTDR-Conf. (1979) 2, S. 375

12. Slonimski, W. I. — Theorie und Praxis des spitzenlosen Schleifens
VEB Verlag Technik, Berlin 1956

13. Reeka, D. — Über den Zusammenhang zwischen Schleifspaltgeometrie und Rundheitsfehler beim spitzenlosen Schleifen
Dissertation TH Aachen, 1967

14. Hönscheid, W., Mels, F. U. — Neue Regelscheibenform beim spitzenlosen Durchgangsschleifen
Industrieanzeiger 97 (1975) 42, S. 828 - 831

15. König, W., Messer, J. — Beeinflussung von Topographie und Prozeßverhalten keramisch gebundener Schleifscheiben durch die Abrichtbedingungen
IDR 15 (1981) 2, S. 78 - 81

16. König, W.
Föllinger, H.
Einfluß von Abrichtvorrichtungen und -werkzeugen auf den Abricht- und Schleifprozeß
Unveröffentlichte Untersuchungen WZL, TH Aachen 1980

17. König, W.
Netterscheid, T.
Nomogramm zur Ermittlung der Abrichtbedingungen
Unveröffentlichte Unterlage WZL, TH Aachen, INFOS-Schleifen 1980

18. Rowe, W. B.
Willmore, J. I.
Hulton, L. J.
A Technique for Simulation of Cylindrical Grinding Processes by Hybrid Computation
Int. J. Mach. Toll Des. Res. (1973) 13, S. 111 - 121

19. König, W.
Schleich, H.
Untersuchung des Flacheinstechschleifens und Erarbeitung verfahrensspezifischer Eigenschaften des Tief- und Pendelschleifens
Technologiearbeitskreis WZL, TH Aachen, 1979

20. Lortz, W.
Schleifscheibentopographie und Spanbildungsmechanismus beim Schleifen
Dissertation TH Aachen, 1975

21. Jacobs, U.
Kostenrechnung beim Schleifen
Diplomarbeit IWF Braunschweig, 1972

22. Stehle, P.
Eine Methode zur Wirtschaftlichkeitsrechnung unter besonderer Berücksichtigung des Einsatzes numerisch gesteuerter Werkzeugmaschinen
Dissertation TH Aachen, 1966

23. Warnecke, H. J.; Bullinger, H. J.; Hichert, R. — Kostenrechnung für die Betriebspraxis
Teil 5: Platzkostenrechnung
wt-Z. ind. Fertigung 68 (1978) Nr. 2

24. Eversheim, W. — Umdruck zur Vorlesung Produktionssystematik (Grundlagen) 1975, Kap. 5, Arbeitsvorbereitung

25. Siegerist, M.; Langheinrich, G. — Die neuzeitliche Vorkalkulation der spangebenden Fertigung im Maschinenbau
Technischer Verlag Herbert Cram, Berlin, 1974

26. Haas, R. — Beschleunigtes Abrichten der Regelscheibe beim spitzenlosen Durchlaufschleifen
Unveröffentlichte Untersuchungen am WZL der RWTH Aachen, 1981

27. Wemhöner, J. — Kostenanalyse des spitzenlosen Durchlaufschleifens
Unveröffentlichte Untersuchungen am WZL der RWTH Aachen, 1981

28. Hackstein, R. — Umdruck zur Vorlesung Arbeitswissenschaft und Betriebsorganisation I, Block Nr. 4, Folge Nr. 7

29. Verband für Arbeitsstudien - REFA - — Methodenlehre des Arbeitsstudiums
München, 1971

30. Völler, R. — Abnutzung von Abrichtwerkzeugen
Techn. Mitteilungen 73 (1980) 8, S. 656 - 663

31. Jordan-Engeln, G. Reutter, F. Numerische Mathematik für Ingenieure BI-Hochschultaschenbücher Bd. 104 Mannheim, Wien, Zürich, 1973

32. Bierlich, R. Technologische Voraussetzungen zum Aufbau eines adaptiven Regelungssystems beim Außenrundeinstechschleifen Dissertation TH Aachen, 1976

33. Böttler, E. Konzept und technologische Grundlagen zum Aufbau eines Informationszentrums für die Schleifbearbeitung Dissertation TH Aachen, 1979

GPSR Compliance

The European Union's (EU) General Product Safety Regulation (GPSR) is a set of rules that requires consumer products to be safe and our obligations to ensure this.

If you have any concerns about our products, you can contact us on ProductSafety@springernature.com

In case Publisher is established outside the EU, the EU authorized representative is:

Springer Nature Customer Service Center GmbH
Europaplatz 3
69115 Heidelberg, Germany

Batch number: 10584556

Printed by Printforce, the Netherlands